新城镇田园主义　重构城乡中国

吕明伟　黄生贵

中科地景（北京）城乡规划设计院　编著

中国建筑工业出版社

图书在版编目（CIP）数据

新城镇田园主义　重构城乡中国 / 吕明伟等编著.—北京：中国
建筑工业出版社，2013.12
　ISBN 978-7-112-16138-6

　Ⅰ.①新… 　Ⅱ.①吕… 　Ⅲ.①城镇—城市建设–研究—中国
Ⅳ.①TU984.2

中国版本图书馆CIP数据核字（2013）第276320号

责任编辑：杜　洁
责任校对：王雪竹　陈晶晶

新城镇田园主义　重构城乡中国
吕明伟　黄生贵
中科地景（北京）城乡规划设计院 编著
*
中国建筑工业出版社出版、发行（北京西郊百万庄）
各地新华书店、建筑书店经销
北京圣彩虹制版印刷技术有限公司印刷
*
开本：889×1194毫米　1/20　印张：7²∕₅　字数：275千字
2014年1月第一版　2014年1月第一次印刷
定价：49.00元
ISBN 978-7-112-16138-6
　（24891）

吕明伟　黄生贵

中科地景（北京）城乡规划设计院　编著

参编人员：潘子亮　唐立军　刘洋　王忠源　李丹　林国华　孙起林　孙雪

　　感谢德州市德城区生态区管理委员会、枣庄市台儿庄国家运河湿地管理委员会、美国思纳史密斯建筑设计有限公司、上海阿贵园林建设发展有限公司、上海然道（NHT）景观规划设计有限公司等单位领导和专家的支持。

目　录

综述

1 新型城镇化发展背景下的城乡重构

中国在改革开放 30 多年中，城镇空间扩大了两三倍，城镇化率从 1978 年的 17.91% 提高到 2012 年的 52.57%，已经达到世界 52% 的平均水平。中国的城镇化与美国的高科技产业发展被前世界银行首席学家、诺贝尔经济学奖获得者斯蒂格利茨誉为"21 世纪影响世界进程和改善世界面貌的两件大事"。

越来越多的乡村人口涌入城市，我国城镇人口数量已经超过了乡村人口。但是，空间上的城市化并没有相应产生人口城市化，52.57% 城镇化率是"半截子"的城镇化，实际上的人口城镇化率为 35%，也就是说至少有 1/3 的人口虽然进了城就了业，但仍属外来人口，被贴上"农民工"的标签，而不能享受到城镇居民的待遇，享受不到改革开放后城市发展所带来的巨大红利。故由此引发了一系列的社会问题，其背后潜藏的诸多矛盾、问题也日益凸显：质量不高导致环境承载力减弱，"空心村"、"城市病"现象严重，城乡差距拉大，农民工的市民化⋯⋯实践证明以工业化为主导的规模城镇化发展已难以为继，未来 5~10 年，中国的新型城镇化建设拥有着巨大的发展潜力，也面临重大历史机遇与挑战。

党的十八大明确提出了"新型城镇化"概念，中央

鄂尔多斯空城（图片来源：第一财经日报）

垃圾围城——北方某城市

棚户区——内蒙古某城市（图片来源：新华网）

留守的老人与衰落的村庄

空心村

荒芜的田地

融于田园的城市——北京海淀区西北郊

经济工作会议进一步把"加快城镇化建设"列为 2013 年经济工作六大任务之一。中央经济工作会议将"积极稳妥推进城镇化，着力提高城镇化质量"作为单独一项任务列出，强调"城镇化是我国现代化建设的历史任务，也是扩大内需的最大潜力所在，要围绕提高城镇化质量，因势利导、趋利避害，积极引导城镇化健康发展。"城镇化是释放内需的最大潜力，新型城镇化如何以大城市群作为城镇化引擎实现城乡一体、产城互动、节约集约、生态宜居、和谐发展？城市群又如何承载城镇化的全部区域，城市群之外 80% 的国土面积的地区如何发展，是否造成新的发展不平衡？如何促进大城市群之间大中小城市、小城镇、农村社区、绿色基础设施、产业园区协调发展？如何走适合中国国情的集约、智能、绿色、低碳的新型城镇化道路，造福子孙后代……

因此，本文以为老城区、新城区、村镇社区三区联动，以及绿色基础设施，产业集聚区是新型城镇化建设，统筹城乡区域发展，重构城乡中国的重要组成部分。老城区、新城区、村镇社区为城乡居民构筑和谐的人居环境；绿色基础设施重塑国土大地景观，重构城乡中国的生态基础；产业集聚区加速发展产业集聚，增强城镇化建设进程中的"造血"功能，强力支撑城乡发展。

2 老城区、新城区、村镇社区三区联动，构筑和谐人居环境

城镇化是统筹城乡发展的根本动力，土地和户籍管理制度是发展的主要瓶颈。但城镇化不是给"房地产化"代言，更不是"圈地运动"、"造城运动"。目前我国的城镇化发展状况，土地城镇化速度快于人口城镇化速度，造成了土地资源的极大浪费。

城市的确让生活变得更美好，但不是 13 亿人口都适合在城市居住生活。官方统计的数据显示，目前，在城镇打工的 2.6 亿的农民工中，真正在城市购房的不足 1%；农民工及其家属呈"半市民化"状态，其衣、食、住、行并没有得到很好的改善，尤其在住的方面沦为"蚁族"，甚至"蜗居"在"老鼠窝"，而老家的耕地荒芜，村庄成

为"空心村"。

城镇化建设加速了农民进城速度，在一些县市因政府的"面子工程"、"政绩工程"甚至出现了"被城市化"现象，村庄内多年不发放宅基地，大龄农村青年要结婚只能去城市买商品房。农民丢了土地又丢了身份，在城里有房子却找不到合适的工作，村里又回不去，只能远走他乡另谋出路。这就造成了城乡二元结构没有消除，新的城市内部的二元结构却正在形成。

据统计，城镇化率每提高一个百分点，意味着每年有 1000 多万农民及其家属进城，随着城镇化建设进程的推进，这组数据还会继续加大。近日，联合国开发计划署发布报告预测，到 2030 年中国将新增 3.1 亿城市居民，城镇化水平将达到 70%，城市人口总数将超过 10 亿，城市对国内生产总值的贡献将达到 75%。 推进以人为核心的新型城镇化就是要解决人往哪里去，是城镇化和市民化齐头并进发展，实现城镇常住人口都能均等享受到基本公共设施和服务。城镇化要实现全覆盖，必须以城市群建设为引擎，老城区、新城区、村镇社区联动发展，但其大部分区域应以城镇社区和新型农村社区担当重任，在统筹城乡发展中，具有难以替代的积极作用，是大中城市甚至城市群发展的坚实支撑。城镇社区和新型农村社区这两种基本形态是以其自身产业发展为支撑，具有居住、生产、生活、生态、安全卫生、舒适、美观等功能的综合体，两者都不可或缺。如北京郊区城镇化发展的整体空间布局，即山区和半山区以建设新农村社区为主，集中上楼城镇社区为辅，产业发展以现代服务业和休闲产业为主；平原地区则以建设集中上楼的城镇社区为主，新农村社区为辅，产业发展以都市型现代农业为主，实现产业园区与社区建设联动。

"安得广厦千万间，大庇天下寒士俱欢颜"这句经典名言传颂千年，至今依然成为房价飞涨时代我们广大城镇居民的广厦情结和美好愿景。从居者"忧其屋"到"有其屋"、"优其屋"，老城区的改造，新城区的建设，尤其是村镇社区的发展与繁荣是构筑和谐人居环境的有效途径，有利于加快形成安居乐业的城乡一体化发展新格局。

融于田园的居住社区——北京海淀区北安河居住组团

融于田园的小城镇——重庆市秀山县清溪场镇（图片来源：唐磊）

3 绿色基础设施重塑国土大地景观

　　绿色基础设施是美丽中国的核心元素，是生态文明建设的重要空间载体，是新型城镇化建设、重构城乡中国的生态基础。

　　我国地大物博，国土景观风貌多样，景色更是迷人！雄伟的长江三峡，秀丽的桂林山水，奔腾入海的黄河，广阔无垠的青海草原，小兴安岭的原始森林，海南的椰林碧海，还有不胜枚举的江湖沼泽、农田林网……所有这些绿色基础设施构成了新型城镇化建设的资源本底，让我们引以为傲的同时，也正遭受着开发建设所带来的空间胁迫和破坏。于是，沙漠化、森林破坏、空气污浊、极重度雾霾天气、污水横流、垃圾围城……每一个环境污染事件，都是大自然对人类敲响的一次警钟，震耳发聩，发人深省。

　　绿色基础设施由各种开敞空间和自然区域组成，包括自然资源环境和人工自然环境，前者受人类活动影响较小，如原始森林、自然保护区、风景名胜区；后者是指受人类活动影响而发生了重大变化的环境，如农田、水渠、林地、种植场、草原牧场、湿地等自然环境以及人工环境庭园、花园、公园等城市园林绿地系统。这些要素组成一个相互联系、有机统一的网络系统。从大尺度的名山大川到小尺度的荒山沼泽，从精心营造的城镇园林绿地系统到无人问津的荒野空地，从农业生产区域沧海桑田的变迁到国土大地景观生态系统的建构……绿色基础设施成为人类赖以生存的自然环境和生态系统。

　　绿色基础设施科学合理的规划和建设是中国特色的新型城镇化可持续发展的基础和生态保障，是确保城镇生态空间安全的有效途径，利于维护整体山水格局和国土大地景观的重塑。在世界园林景观发展史上有两位伟大的造园家因其卓越成就，改变了本国的国土大地景观。一位是 18 世纪末期有"大地景观的改造者"美誉的朗斯洛特·布朗，在英国庄园园林化时期，将英格兰的中部和南部变成一个无边无际的风景园，成功再造了英国乡村优美的自然环境，改变了整个英国国土景观风貌。还有一位伟大的园林景观大师是第三任美国总统托马斯·杰斐逊，他认为美国的土地不仅具有经济价值，也有审美意义，并由此建立一套精确的平行分配土地的数学系统，构建了美国国家的大地网格，形成了至今我们从飞机上可以

俯瞰到的整个美国的壮丽的大地网格景观。

　　今天我们进行的城镇化建设不是城市地域向乡村的蔓延，城市的扩展、疏解大城市的机能以及提高城镇化发展的水平与质量应该在构建绿色基础设施的前提下进行。以工业为主导的快速城镇化发展过程中出现了快速的蔓延和扩张，这也就给了绿色基础设施衍变一种不确定的空间限制条件，它们必须迎合城镇化对土地资源重新分配的需求。因为绿色基础设施不但改善城市的生态环境，为居民提供可以消费的农副产品，同时，提供了一个良好的休闲和教育场所。充分尊重和利用绿色基础设施，强化整个国土景观风貌的融合与渗透，有效发挥空间环境构成的美学价值及再创造价值，只有这样才有利于城镇社区的形成和繁荣，唯有此，"天蓝、地绿、

融于田园的小城镇——江苏省兴化市垛田景观（图片来源：杨天民）

融于田园的村落——贵州省黔西南布依族苗族自治州万峰林（图片来源：陈辉忠）

融于田园的村落——湖南省新化县水车镇紫鹊界（图片来源：罗中山）

休闲农业和乡村旅游发展，实现了第一产业与第三产业优势互补，优化农业产业结构的同时，促进了旅游业和服务业的开发，有效地促进了城乡经济的快速发展

"山青、水净"的美丽中国才能早日得以实现。

半个多世纪前，我国伟大的绿色先行者梁希先生写下了"无山不绿、四时花香、万壑鸟鸣，替河山装成锦绣，把国土绘成丹青……"这是梁先生的名言，是梁先生的梦，也是 21 世纪我们美丽的中国梦！

4 产业集聚区强力支撑城乡发展

产业集聚是新型城镇化建设的支撑和驱动力，为城镇化建设提供经济物质基础，有坚实的产业支撑，城镇化就会更有活力，更能持续发展。

产业集聚化和城镇化是统筹区域经济发展的两个重要引擎，两者之间的良性双向互动，以产业集聚带动城镇化，以城镇化促进产业集聚，可形成"以工促农、以城带乡、工农互惠、城乡一体"的新型发展格局。

国内外实践表明，城镇化与产业发展息息相关，工业集聚产生了大规模的城市，加快了全球城市化进程。20 世纪的新技术革命促进了第三产业的飞速发展，从而进一步带来了城市发展的新局面，城镇化发展空前繁荣，且联系日益紧密，组团式城市群的雏形——城镇密集区开始出现。在新的历史条件下，城镇之间在更广阔的地域空间范围内参与竞争与协作，大规模城市群作为一个更大的经济实体成为区域经济发展形势和竞争格局的主导，产业形态表现出产业链经济和产业集群交错发展的新格局。

因此加快产业集聚，打造产业集聚区，培育产业集群是推动区域经济发展，统筹城乡发展的重要举措，也是大力推进城镇化的必然要求。

产业集聚区、产业集群不是简单的集中，不是孤立存在的"孤岛"，而是相互联系、相互融合，区内企业是否有关联，是其与传统工业园区、开发区的根本区别。通过产业集聚区、产业集群集约化发展，有效地实现了生产力在城镇空间布局上的优化，已成为我国区域经济发展的重要产业组织形式和载体。产业集聚区、产业集群作为新型城镇化的突破口，产业向城镇集聚，并增强城镇的吸纳能力，推动城镇化的发展，加速城镇化的进程。

围绕纽扣产业集群形成的"东方纽扣之都"——浙江温州桥头镇

围绕休闲旅游产业集群形成的旅游小城镇——北京怀柔雁栖湖镇

　　城镇化的发展繁荣受到农业、工业、第三产业三大力量的推动，这三种力量可依次主导城镇化进程的深入发展。随着社会分工以及产业集聚效应的加强，城镇化可依托文化、影视、旅游、农业、家具、钟表、服装、机械、鞋业、工艺等形成产业支撑，为城镇化提供后续动力，从而形成"以产立城，以城带乡"的良性发展格局。目前，全国围绕产业集聚发展小城镇的典型实例，如山东省德州市黄河涯镇在产业发展中实施"退二进三"、"一三互动"、"三三互融"的发展举措，重点打造"绿色"产业集群，建立了集约化高效发展的城镇绿色产业发展模式，实现了小城镇发展导向的统筹城乡发展之路。这方面成功的案例还有：围绕旅游产业集聚形成的旅游小城镇，如北京怀柔的雁栖湖镇；围绕纽扣产业集群形成的"东方纽扣之都"浙江温州桥头镇；围绕丝绸纺织产业集群形成的江苏苏州吴江盛泽镇。

　　新型城镇化已成为我国现代化建设的历史任务和扩大内需的最大潜力所在，产业集聚区作为城镇化发展的重要引擎，具有加强城乡产业发展的"造血"功能，在带动区域经济、城乡一体化发展过程中起到举足轻重的作用。

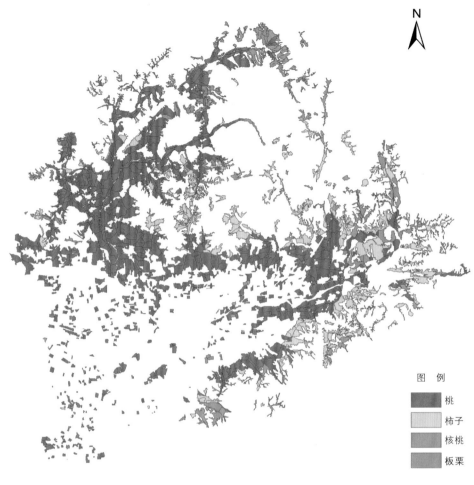

N

图　例

■ 桃
□ 柿子
▨ 核桃
▨ 板栗

平谷区 S 形大桃产业带贯穿 11 个山区、半山区乡镇，形成了一产促二、三产，二、三产带动一产发展的格局，极大地促进了平谷区城乡一体化发展

"运动休闲进桃源，城市居民开果园"为主题的节庆活动——浙江省杭州市富阳新登镇

5   新型城镇化发展进程中的学与术

今天我们所谈的科技实则是科学与技术的通称，既有学又有术。科学是如实反映客观事物固有规律的系统知识，是理论指导；技术则是发明，是科学理论的实际运用。国学大师梁启超先生在《学与术》中称"学也者，观察事物而发明其真理者也；术也者，取其发明之真理而致诸用者也"，故"由此言之，学者术之体，术者学之用"。学是理论，术是实践，学是术的理论基础，术是学的落实或运用，是技术、手段、工具。理论武器指导"术"的实践，没有理论武器的指导，盲目的实践，城镇化建设进程中就会出现诸多问题，若理论和实践相脱离，其发展往往就会适得其反，事与愿违。

我们正在迎来一个城镇化大发展的时代。我们的可持续发展丝毫不能脱离这一时代的、历史的大机遇、大背景，更应在这样令人振奋、大有作为的盛世里，抓住不可逆转的时代赋予我们的发展机遇。

但我们必须清醒地意识到：千百年来形成的国土景观风貌和传统生活方式正在经历着由于发展所带来的前所未有的挑战，发生着深刻的时代巨变。因此，这个时代需要科学的理论指导，需要科学的实践方法，有学无术不好，有术无学如同无源之水、无本之木，不学无术更是罪莫大焉。只有将学与术结合起来，尊重科学的理论指导和方法，按照科学的方式去发现规律、总结规律、尊重规律，形成学与术之间的良性互动，我们的新型城镇化发展才能走得更稳、更远，中国才会更具竞争力。

吕明伟 2013 年 8 月写于安翔里
中科地景（北京）城乡规划设计院

上篇
新型城镇化构筑和谐人居环境

城镇化要实现全覆盖，必须以城市群建设为引擎，老城区、新城区、村镇社区联动发展，但其大部分区域应以城镇社区和新型农村社区担当重任，在统筹城乡发展中，具有难以替代的积极作用，是大中城市甚至城市群发展的坚实支撑。城镇社区和新型农村社区这两种基本形态是以其自身产业发展为支撑，具有居住、生产、生活、生态、安全卫生、舒适、美观等功能的综合体，两者都不可或缺。

从居者"忧其屋"到"有其屋"、"优其屋"，老城区的改造，新城区的建设，尤其是村镇社区的发展与繁荣是构筑和谐人居环境的有效途径，有利于加快形成安居乐业的城乡一体化发展新格局。

小城镇发展战略导向的区域发展规划
——德州市南部生态新区案例

1 德州市城市发展解读

1.1 德州市社会文化历史

德州市位于黄河下游，山东省的西北部，是山东省的北大门。历史上，德州就是京杭大运河的一个重要码头，京杭大运河在德州转了一个 S 形的弯，形成两个圈地，千年的古运河留下了古老的传说，孕育了丰富的文化。

古代德州地处燕赵三邻，黄河运河穿境而过，黄河文化、燕赵文化、齐鲁文化源远流长，大禹文化、儒家文化根深蒂固，境内现有禹王亭、全国最大的秦汉墓群、东方朔画赞碑、苏禄王墓等众多历史古迹。

德州历史悠久，是我国古代农业文明的重要发祥地之一。德州黑陶有 4000 多年的历史，目前出土了大量的石铲、石磨等新石器时代的生产工具和陶器。德州民间文化积淀，在围棋、饮食、艺术上都有传承，德州被评为"中国围棋城"，是鲁菜的重要基地，德州扒鸡全国知名。

进入 21 世纪以来，德州经济社会有了长足发展，城市综合实力不断增强，城市面貌日新月异，人民生活水平显著提高。德州先后荣获全国城市经济综合实力百强、全国城市环境 50 强、中国优秀旅游城市、生物产业国家高新技术产业基地、中国太阳城、中国围棋城、中国京剧城、全国卫生城市、山东省双拥模范城市、山东省优秀城市建设与管理"齐鲁杯"、山东省环境综合整治先进城市、中国人居环境范例城市等称号。

1.2 德州市区位发展优势

德州自古以来就以区位优越、交通便利而著称，有"九

达天衢、神京门户"，"商贸名城、教育名城"的美誉。目前，德州东站是京沪高速铁路及太青客运专线的中间站。

德州市未来将充分发挥"九达天衢"、"神京门户"的转承作用，主动承接京、津、济的辐射扩散，积极向山东半岛城市群地区靠拢，充当京津冀与山东半岛、京津济三大中心城市间的要素交换、流通枢纽，并为山东半岛、济南向内陆辐射拓展提供有力支撑。

1.3 城市发展分析解读

"十二五"期间德州将努力打造世界知名的"中国太阳城"，国家重要的枢纽型经济示范区、现代农业示范区、新能源示范城市、生态文明示范城市。

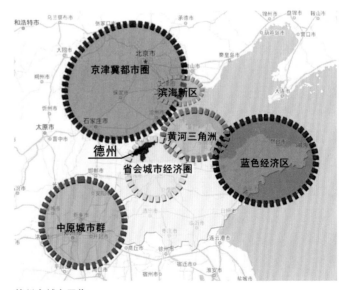

德州市城市区位

从德州市中心城区功能定位来看，德城区是其城市发展的主体，在充分发挥商贸文化产业优势，重点实施服务业拉动战略指导下，集中发展高端服务业和市民文化娱乐产业，着力打造商贸强区、物流大区和文化名区。

德城区在发展格局上，从统筹城乡经济发展的角度，对整个行政辖区明确了三大发展板块：即北连接线以北的城北工业基地，南北连接线之间的中部现代服务业核心区，南连接线以南的城南高效生态旅游观光农业基地。

城北高端工业集聚区：即北连接线以北天衢工业园部分和二屯镇区域，通过引进培育"大高名外"、承接城区"退二进三"，大力发展新能源、新材料、电子信息等战略性新兴产业，调整振兴纺织服装、轻工食品、装备制造等传统产业，培植壮大一批拥有自主知识产权和核心技术的骨干企业，全面提升工业综合竞争力。

城中现代服务业核心区：即南北连接线之间区域，以打造商贸名城为目标，重点发展服务业、房地产开发和民生事业，抓好专业市场的改造搬迁和现代服务业的引进培育。对"城中厂"以及天衢工业园内除重点企业之外的工业企业，实施"退二进三"，逐步搬迁到北连接线以北。

城南生态片区：即南连接线以南区域，依托黄河涯镇，立足城郊型特点，重点发展以满足城市消费者需求为主要目的的生态旅游、休闲农业，努力打造京津济"菜篮子"、主要畜产品生产基地、农产品精深加工基地。

2 生态新区发展研判

2.1 生态新区环境条件分析

在整个德州市发展版图中，德州市只能向南部和东部发展（西部和北部均为河北省），因此建设田园化的生态新区，从城市发展格局的角度看，具有典型性和代表性，具有巨大的价值。

生态新区项目位于黄河涯镇，规划范围东起减河，西至运河，南起减河，北至德州南外环。规划面积7.1万亩，涉及黄河涯镇3个管区，31个自然村，12个社区，5个社区并建点。

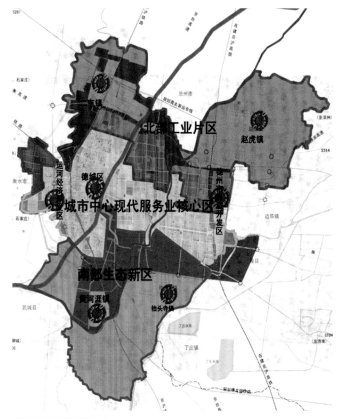

德城区城市发展格局

项目区位于德州市城市发展的城南生态片区，交通便利，现有105国道、101省道、京沪铁路贯穿南北，京台高速互通毗邻，建设中的德大铁路、广川大道和拟建的德商高速公路更加丰富了这一区域的路网内容，为吸引德州及周边城市游客提供了极为便利的交通条件。

按照德州市规划，经济开发区南外环以北的区域将建设绿色湿地园区，武城县将打造四女寺风景区。德城区南外环以南的区域正处于两园区之间，东接湿地园区，西连四女寺风景区，完全可以与之对接，形成三区互动、共同发展的格局。同时，利用黄河涯镇被列为德州市卫星镇的契机，大力发展生态观光休闲产业，建设特色城镇，使之成为德城区的次中心城区。

长期以来，城南一直致力于发展"三高"农业，并初步形成了以此为基础的生态旅游产业。桃源、馨秋等

德州城市建设成就

企业的发展已形成规模，桃园赏花节、馨秋采摘节逐步成为城区生态旅游新名片。同时，城镇建设初具规模，合村建区卓有成效，工业化程度低，自然生态环境优越。

2.2 生态新区发展核心诉求判断

（1）生态新区在京沪高铁开通后的机遇与地位何在？

（2）生态新区在德州市城市建设机遇下所面临的责任与挑战是什么？

（3）如何在统筹城乡发展的时代背景下寻求项目区城乡互动发展的新模式？

（4）如何构建核心项目和产品，形成平原地区的唯一性特色？

（5）如何通过国际相关案例的研究，创建全国一流的生态新区品牌？

（6）如何在新农村建设和土地流转进程中实现土地价值的增值和效益最大化？

3 规划思路与定位

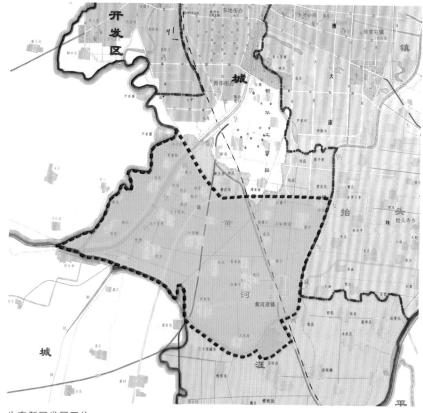

生态新区发展区位

3.1 规划原则

3.1.1 土地开发的适宜性原则

土地能力指的是土地的生产潜力，它是土地所固有的。对规划区内土地利用作出评价和决定，根据土地级差安排用地的种类和建筑开发强度，力求在满足生态最优化的前提下达到土地的最合理化利用，以发挥最大的生态效益。

3.1.2 城市生态空间有机融合的原则

针对规划区域内的地域特征和水系布局，从城市空间出发，以林网、路网、水网贯穿各功能区，形成和谐、有机的城市生态廊道。尊重自然、利用环境、改善现状，开创城市建设与生态优化相融合的新型模式。

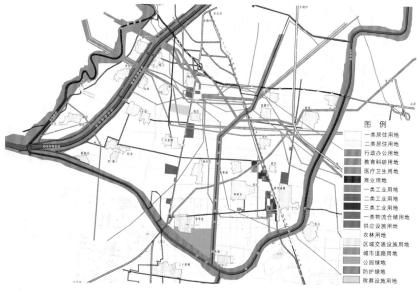

生态新区土地利用现状

德州 - 现状照片

3.1.3　坚持旅游惠民原则

坚持发展旅游业与扩大就业并重，旅游增长与就业增长同步，扩大旅游就业容量。大力发展生态与文化旅游、乡村旅游，鼓励农牧民和城镇居民以多种形式参与旅游服务业，使城乡居民从中受益。

3.1.4　坚持政府主导原则

要充分发挥政府在制定旅游发展规划和扶持政策等方面的优势，强化政府在基础设施和配套设施建设、旅游产品开发、规范市场秩序和整体宣传促销等方面的主导作用。

3.1.5　集中发展的原则

调整现有农村居民点布局结构，减少村庄数量，壮大村庄规模，提高公共服务设施水平，鼓励合村并点。

3.2　规划定位

3.2.1　总体定位

将生态新区建设成为德州可持续发展的重要战略空间。依托科技创新，推行循环经济，发展生态产业、休闲旅游产业、文化创意产业，努力把南部生态新区建成环境和谐优美、资源集约利用、经济社会协调发展的现代化生态新区。

产业发展是项目之本，辐射带动是核心任务，和谐宜居是重要目标，城乡互融是发展方向。

生态新区三驾马车发展模式：村镇社区、绿色基础设施、产业化园区。

项目区应建设成为德州城市发展的"生态大公园、绿色大氧吧、城市之肺、城市绿心"。

项目区发展强调与城市生活的"对话"，"服务城市、致富农民"，有效发挥空间环境构成的再创造价值及人文价值。重点打造"绿色"产业集群，推动城市绿色产业结构调整，建设低碳生态新区。

项目区建成后将成为具有较强辐射带动与示范效应，统筹城乡发展典范的集吃、住、行、游、购、娱于一体的全国一流的生态新区。

3.2.2　形象定位

城南绿洲：生态福地，和谐之洲。

3.2.3　功能定位

项目区不仅具有农业科技研发、都市农业孵化、科技示范推广的功能，还具有为都市提供生、鲜、加工食品的生产性功能，而且更具有保护城市生态景观环境，为市民提供绿色观光休闲场所的功能。

从德州市城市发展格局来看，规划区应强化规划区在德州市城市发展中的战略性地位，增强该区域的竞争力和吸引力，在整个城市生态系统构建和城市发展中发挥以下多方面的作用，主要包括：

（1）生态保护功能

可以保护和改善生态环境，维护自然景观生态，提升环境品质。对于德州市生物流、物质流、能量流具有重要的作用；沿河沿湖的绿地、水系、农田等具有重要的生物栖息地功能；此外该区域还具有防风抗洪，降低"热岛效应"，保持土壤，防止水土流失，涵养水源，吸附尘埃等功能。

（2）休闲游憩功能

游憩是城市的四大功能之一，生活质量、人的需要是城市功能的最终衡量标准，该区域作为德州市城市居民重要的生活和休闲游憩场所，是德州市"宜居性"的重要体现。规划区必将为生活在城市里的居民提供安全和健康的物质环境，清新的空气，干净的水源，提供人们与自然接触的机会和场所，提供人与人交流的场所和审美的体验，给人以归属感和认同感。

（3）生产功能

规划区域内生产功能主要包括自然生产和人工生产两方面。水陆两相的营养物质，具有较高的肥力，能提供食品、工农业原料、燃料等。这些自然生产的产品直接或间接进入人们的经济生活，具有人们所熟知的自然生态系统的功益；可以提供优质、绿色、生态、安全、健康的农产品，满足游客对食品的需要。

（4）科普教育功能

规划区域内另一个功能就是科普教育功能，可以提供了解农业文化，学习农业知识，参与农业生产活动的户外教学场所，为城市居民提供了教育与审美启智的氛围和场所。

（5）生活居住功能

从 1933 年的《雅典宪章》到新城市主义运动和绿色城市主义，以及城市的精明增长和可持续城市发展的理念，西方城市发展的经验和教训给了我们莫大的启示，居住和生活是首要的城市功能。但是城市生活居住功能是为整个城市居民的，规划区内的生活居住功能体现必须与整个城市发展相衔接，杜绝不顾城市利益而启动的居住项目的开发建设。

（6）社会功能

可以促进城乡交流，增进农村社会发展，提升农民生活品质，有利于缩小城乡差距。

通过各项功能的开发，形成以田园风景观光为基础，以休闲度假功能为核心，以汉唐文化体验为灵魂，以商务会议功能为补充，不同功能互相补充、有序发展的国家级生态示范区。

3.2.4 产业定位

项目区产业发展"一三互动"，"三三互融"，即第一产业与第三产业互动发展，第三产业之间相互融合发展。

项目区发展强调与城市生活的"对话"，"服务城市、致富农民"，重点打造"绿色"产业集群，推动城市绿色产业结构调整，建立现代生态林果业、花卉业、有机农业等绿色产业发展体系，建立集约化高效发展的城市绿色产业发展模式，实现区域内产业结构的调整与优化。

生态新区产业发展策略图：以农业 + 旅游业的现代服务业集聚区 + 强力政策驱动，建立集约化高效发展的城市绿色产业发展模式

3.2.5 市场定位

在市场定位上，近期以周边客源市场即济南、德州当地观光、休闲市场为主；未来将大力拓展京津唐休闲度假游客群，同时沿京沪线争取国内其他区域的休闲市场。

4 空间布局与分区

基于生态资源与产业发育格局，以汉唐文化为灵魂，以多元化旅游项目和产品为目标构建"一核两带六区"空间体系，形成"一核引爆、双带联动，六轮驱动"发展态势。

4.1 一核

生态小城镇，未来发展的生态新城。项目打造以生态小城镇、动漫产业城为主，以旅游集散、商务会展为主要功能，对接全国低碳小城镇建设和旅游休闲目的地构建。

4.2 两带

4.2.1 九龙河景观带

形成生态、旅游休闲和生产服务功能兼顾的城市滨河森林公园，打造德州南部的"蓝带绿脊"。

4.2.2 减河生态风景林带

强化滨河防护林带的生态保育功能，形成适于场地的种类丰富的植物生态系统，同时兼顾游人休闲娱乐的需求。

4.3 六区

（1）运河文化游览区；

（2）都市型现代农业示范区；

（3）创意农业体验区；

（4）休闲农业体验区；

（5）温泉康体养生区；

（6）商贸物流及生活配套服务区。

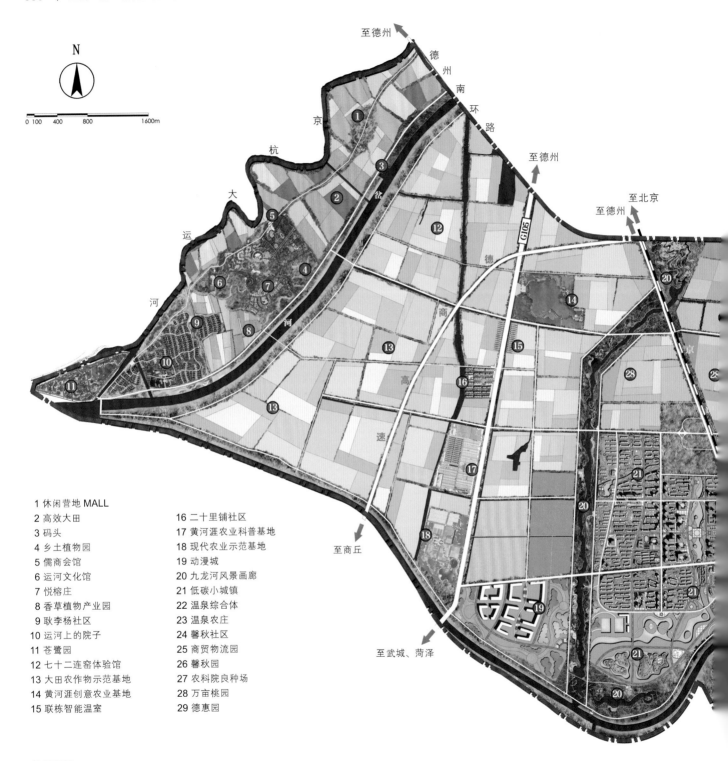

N

0 100 400   800   1600m

至德州

德州南环路

京杭大运河

至德州

至北京

至德州

G105

德商高速

至商丘

至武城、菏泽

1 休闲营地 MALL
2 高效大田
3 码头
4 乡土植物园
5 儒商会馆
6 运河文化馆
7 悦榕庄
8 香草植物产业园
9 耿李杨社区
10 运河上的院子
11 苍鹭园
12 七十二连窑体验馆
13 大田农作物示范基地
14 黄河涯创意农业基地
15 联栋智能温室

16 二十里铺社区
17 黄河涯农业科普基地
18 现代农业示范基地
19 动漫城
20 九龙河风景画廊
21 低碳小城镇
22 温泉综合体
23 温泉农庄
24 馨秋社区
25 商贸物流园
26 馨秋园
27 农科院良种场
28 万亩桃园
29 德惠园

总平面图

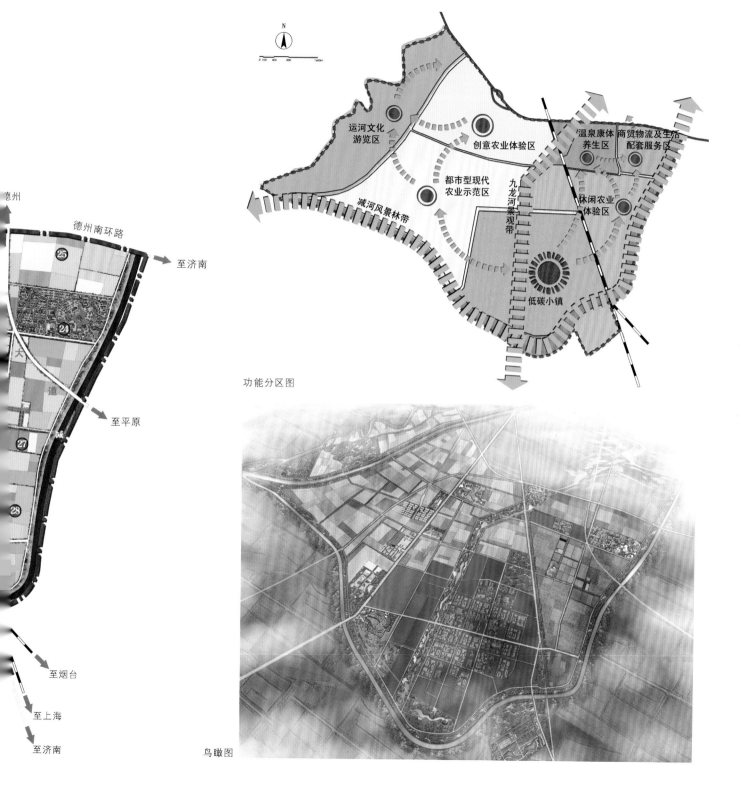

N

惠州

德州南环路

至济南

至平原

至烟台

至上海

至济南

运河文化
游览区

创意农业体验区

温泉康体
养生区

商贸物流及生活
配套服务区

都市型现代
农业示范区

九龙河景观带

休闲农业
体验区

减河风景林带

低碳小镇

功能分区图

鸟瞰图

5 村镇体系规划

生态新区村镇体系规划形成一城镇五社区的发展格局。

5.1 黄河涯生态小城镇规划

5.1.1 规划范围

东至 101 省道，西至 105 国道，北至金纪路以北 300m，南至减河，面积约 13.61km² （约 20407.50 亩）；核心区城市设计范围东至 101 省道，西至九龙河，北至金纪路，南至减河，面积约 7.05km² （约 70572.75 亩）；

为了保证城镇土地的集中集约发展，建议金纪路以北 20hm² 暂作预留用地。

5.1.2 规划现状分析

现状用地主要为村庄建设用地和农用地，其中村庄建设用地面积 1364.3 亩，农用地面积 7477.7 亩，总计 8842 亩。农用地基本由果林和杨树林以及农田用地组成，中小型树较普遍。

主要建筑分布在黄宋路以北，金纪路以南，黄宋路作为现黄河涯镇的主要干道，沿街分布有沿街商铺、学校、医院、政府、敬老院、银行等一系列配套设施。金纪路

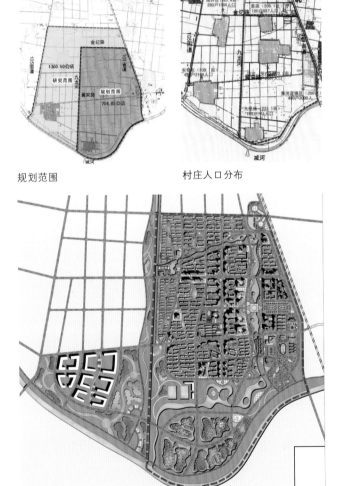

规划范围

村庄人口分布

规划平面图

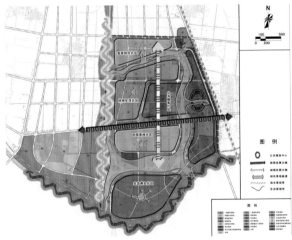

功能结构

用地布局图

作为另一条主干道，主要分布一些现有工业厂房，同时连接姜庙。

5.1.3 规划定位

小城镇建设追求生态品位，造就人居福地，倾力打造低碳生态新城。小城镇不仅是一座生态之城，还将是一座宜居之城、幸福之城、和谐之城。

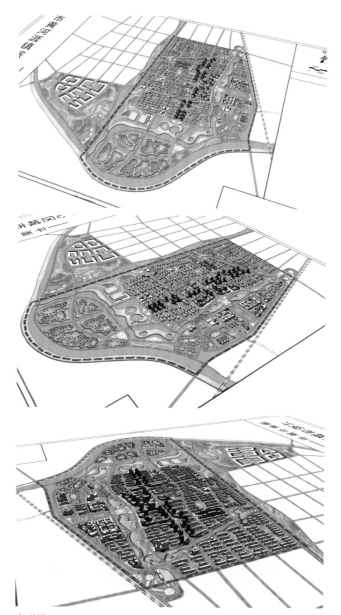

鸟瞰图

小城镇建设坚持基础设施优先，社会事业优先，群众利益优先，突出生态环保，彰显生态特色，践行科学发展观，着力造就一个天蓝、地绿、水清、人和谐的小城镇。

小城镇建设始终坚持"品质上乘，建筑独特，功能完备，设施完善，生活便利，环境优美，保障一体"的目标，以低碳生态理念稳步推进，形成布局合理、特色明显、生态优美的城镇发展格局和配套保障政策。

5.1.4 功能结构

根据功能布局，形成"一心、一廊、两轴、两带、五片区"的功能结构。

一心：依托镇政府、市场、中心广场等公共设施形成的公共服务中心。

一廊：贯穿镇驻地南北向的生态景观廊道。

两轴：城镇发展的主次轴。

两带：沿九龙河的滨水景观带，沿减河的生态景观带。

五片区：公共服务片区、生态养生片区，田园高档片区、休闲生活片区、宜居综合片区。

5.1.5 景观系统规划

按照"点、线、面"相结合的方法，塑造德州南部生态卫星城的城市景观。

点：分别控制中心景观节点、绿化景观节点、居住组团中心节点以及各景观节点的高度等要素，打造高质量的景观元素。

线：包括中心景观廊道、主干路等线形元素将各景观节点有机联系起来，形成空间丰富多变的景观带。

面：结合镇区的传统及新的科学技术，多角度全方位地塑造黄河涯镇的特色景观风貌。

绿地的布局强调"绿心渗透"、"水系渗透"、"绿轴渗透"三个主要因素。

绿心渗透：充分利用城镇绿心对周边地区的生态渗透，营造镇区良好的环境。

水系渗透：充分利用基地内的两条水系，形成不同水态的水网，并据此组织公共与居住空间。

绿轴渗透：挖掘绿心与中心景观廊道的生态意义，并进行具体的空间布局，使绿轴与公共服务设施、居住等构成关联统一体。

5.2 村庄社区建设规划

5.2.1 村庄社区并建规划指导思想

统筹满足"充实产业、改善设施、改善环境"三方面要求。以产业发展为龙头带动村庄的整体发展和建设，以改善设施为基础提高村民的生活水平，以改善环境为依托提高村落整体形象。

集约使用土地，合理利用空间资源。通过调整用地结构，对土地进行整合再利用，集约使用土地，提高土地利用的综合效益。

以农民为核心，以促进农村地区经济发展，增加农民收入为目标，从农村经济、土地、产业、生态、地域文脉等多方面进行综合性研究。

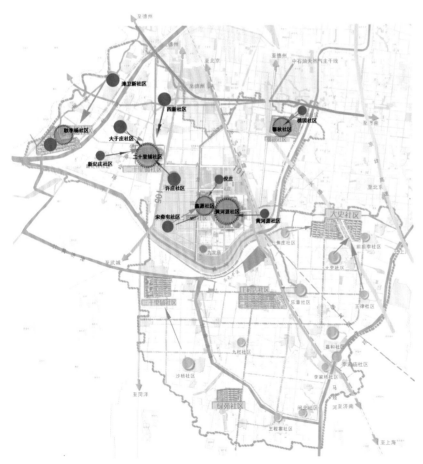

村庄社区合并计划

构筑新农村社区，将规划与搬迁村的社会经济发展结合起来，使之有利于农村产业结构调整，逐步解决农民就业问题，增加农民收入。规划与产业发展、农民就业、社会伦理、完善配套等相结合，构筑新农村社区。

5.2.2 五大村庄社区规划

（1）黄河涯社区

黄河涯镇黄河涯社区位于镇驻地黄宋路北侧，镇医院以西，自然村占地874亩，共658户，2500人。

社区新村规划占地377.85亩，规划住宅建筑面积15万余平方米，按规划实施后可节约土地791.17亩，该项目配建商贸综合市场4.6万 m^2，可有力地带动黄河涯经济的繁荣昌盛。

（2）耿李杨社区

黄河涯镇耿李杨社区涉及耿李杨、漳卫新社区，由耿庄、李庄、杨庄、齐庄、蔡庄、罗家院6个自然村合并而成。社区居民点选在老堤头运河、岔河之间，现村庄以南。自然村总占地1057.2亩，共730户，2820人。

社区新村规划占地175亩，规划住宅建筑面积10万余平方米，按规划实施后可节约土地882.2亩。

（3）馨秋社区

黄河涯镇馨秋社区并建点位于桃园路以北，黄河路以东，涉及桃园、馨秋两个社区，由前寨、后寨、后仓、前仓、崔庄、金庄6个自然村合并而成，自然村占地1389.1亩，共1034户、3930人。新社区占地400亩，规划住宅建筑面积23.5万 m^2，按规划实施后可节约土地989.1亩，形成"一心，二片，三轴，六景，八区"的总体框架。

（4）鑫源社区

鑫源社区位于黄河涯镇黄宋路以北，敬老院以北至闫屯村南，由闫屯、九龙庙、姜庙、倪庄、宋奇屯5个自然村合并而成，自然村总占地1552.5亩，共1347户，5601人。社区新村规划占地234亩，规划住宅建筑面积 9 万 m²。2009 年开工建设，全部建成后可节约土地 1318.5 亩。

（5）二十里铺社区

黄河涯镇二十里铺社区并建点位于 105 国道以西，二十里铺村北公路以南，涉及二十里铺社区、大于庄社区、新纪庄社区、许庄社区、四新社区 5 个社区，由二十里铺、张庄、于东、于西、纪东、纪西、纪南、新耿、许庄、钱庄、伙房、窑上、赵庄 13 个自然村合并而成，自然村总占地 3044.7 亩，共 1988 户，7604 人。

社区新村规划占地 795 亩，住宅建筑面积 26 万 m²，按规划实施后可节约土地 2249.7 亩。

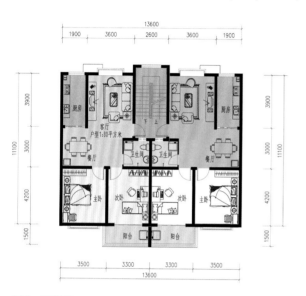

户型一平面图

户型二平面图

馨秋平面图

馨秋效果图

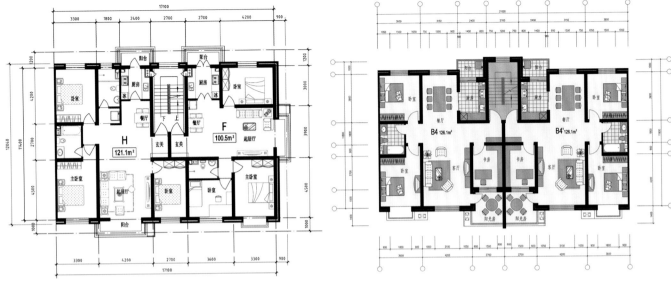

120m² + 100m² 户型平面图

120m² + 120m² 户型平面图

二层住宅效果示意图

多层住宅效果示意图

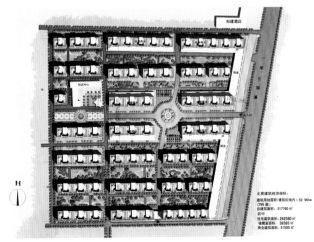

总平面图

二十里铺效果图

6 绿色基础设施规划设计

6.1 景观结构规划

环树抱水，汇水成网，绿脉织城。

通过项目区水系的整理恢复和九龙河水系的开挖建设，结合各类灌渠整修治理，形成绿树水影交相辉映，凸现地域绿脊蓝带，形成绿道林网、路网、水网三网融合格局。

6.2 景观风貌控制规划

共分为滨水生态景观风貌、绿色景观廊道、低碳城镇风貌、创意产业景观风貌、仓储物流风貌、传统特色建筑风貌、现代乡村社区风貌、渔乡景观风貌、乡村田园风貌、农田景观风貌、农果林景观风貌。

6.2.1 滨水生态景观风貌

以绿和水作为空间基调，建设多功能的、公共的或开敞的滨水生态景观带，形成"水清、岸绿、花香、鸟语"的滨河生态景观。

6.2.2 绿色景观廊道

增加观花、观叶等树种，形成多树种、多色彩、多效益的植物群落，呈现多层稳定，有叶色、花色的季相变化，创造"四季有景、三季有花"的植物景观，构成自然品质的绿色走廊。

6.2.3 乡村田园风貌

营造自然、和谐的田园氛围，为旅游者提供真正的田园休闲生活，形成山、水、田园等要素构成的画卷。设计大量的自助式景观，引导人们亲身参与到农业活动中来，例如汲水品茗、躬耕垄田、水塘垂钓等地道的田园体验项目。通过点、线、面田园景观的营造，使度假区融观赏、体验、生产、科研多功能为一体，以农业观光和体验为主要形式，融合乡村田园风貌体验、田园娱乐、田园度假、田园购物、田园居住等多功能的"盛世田园"的景象。

6.2.4 低碳城镇社区与传统特色建筑风貌

建筑分新建、拆除重建、改造三种。用现代主义的

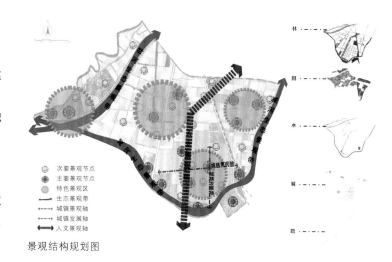

景观结构规划图

图例
- 次要景观节点
- 主要景观节点
- 特色景观区
- 生态景观带
- 城镇景观轴
- 城镇发展轴
- 人文景观轴

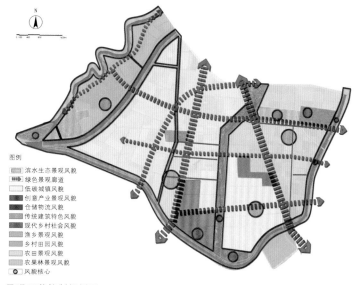

图例
- 滨水生态景观风貌
- 绿色景观廊道
- 低碳城镇风貌
- 创意产业景观风貌
- 仓储物流风貌
- 传统建筑特色风貌
- 现代乡村社会风貌
- 渔乡景观风貌
- 乡村田园风貌
- 农田景观风貌
- 农果林景观风貌
- 风貌核心

景观风貌控制规划图

手法充分体现汉唐建筑的神韵和意境，将现代建筑的"形"与中国传统文化的"神"相结合，使中国文化元素的演绎达到"形神"兼备的完美统一，形成色调简洁明快，屋顶舒展平远，门窗朴实无华，庄重大方的景观风貌。

6.3   绿道景观设计

6.3.1   设计原则

建设区域绿道有助于优化生态新区景观格局，改善当地居民的生活品质，促进旅游业，亦有助于统筹城乡发展并推动区域绿色基础设施一体化。生态新区绿道规划设计应该遵循如下原则：生态性、连通性、安全性、便捷性、可操作性和经济性。

6.3.2   基本要求

明确生态新区绿道作为一种线形景观廊道，其选线应结合现有线形水系和道路系统。

绿道植被的规划设计应遵循"生态优先、保护生物多样性、因地制宜、适地适树"的原则，最大限度地保护、合理利用场地内现有的自然和人工植被，维护区域内生态系统的健康与稳定。充分利用植物的观赏特性，营造色彩、层次、空间丰富的植物景观，提升区域绿道的游赏乐趣。

绿道铺装材料选择在满足使用强度的基础上，鼓励采用环保生态自然材料铺装慢行道路面，多采用软性铺装。

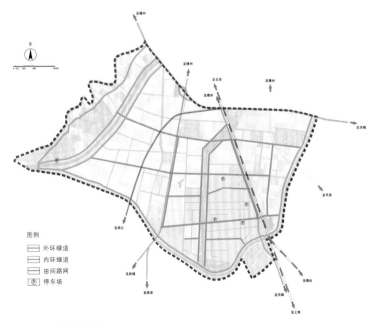

绿道系统规划设计

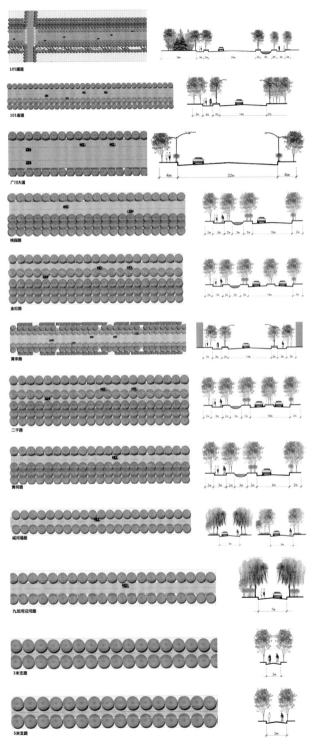

绿道规划设计

6.4 水系景观设计

6.4.1 九龙河景观规划

（1）规划理念

"见龙在天，天下文明"；

生命力（城市的绿色廊道）；

渗　透（城市向自然的裸晕）；

互　融（林田水城的和谐共生）。

以德州人文历史展示为主线，遵循"人与自然和谐，创造满足人们多样生活需求的水域空间"的设计理念进行规划、设计和施工，打造：

一个动态的生态系统；

一条连通城市的绿色风景廊道；

一处人与自然和谐相处的滨河森林公园；

构筑德州市南部地区发展的"蓝带绿脊"。

自然与城市：森林与城市、河流与城市有机的交融。

生态与文化：人与自然的和谐共生，地域文脉的传承与发扬之所在。

（2）规划目标

形成生态、旅游休闲和生产服务功能兼顾的内河廊道。通过内河廊道联系类型多样、功能丰富的景观节点。沿内河两侧布置生态居住社区、旅游休闲节点和绿色产业基地。

九龙河西侧沟渠：开挖贯通，保持自然河流的原始风貌，强化节点，丰富植物景观和物种类型。

（3）规划分区

1）湿地生态游览区

湿地生态游览区充分发挥湿地在改善区域生态环境方面的作用。设置必要的鸟类观赏点，适当加入一定设

水系景观规划

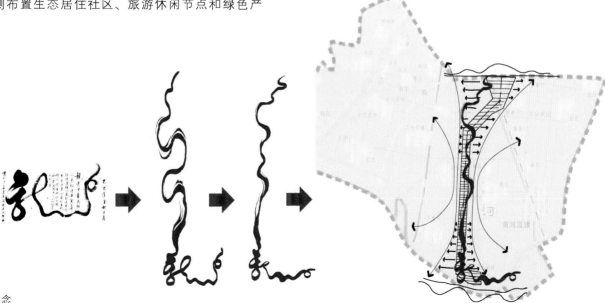

九龙河规划理念

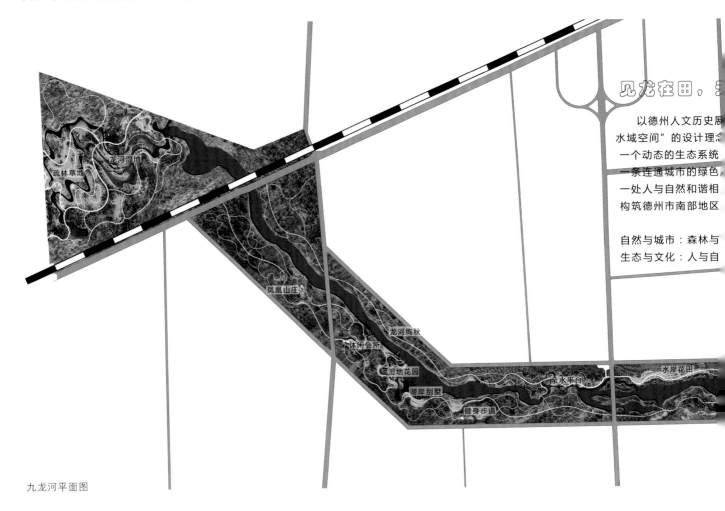

以德州人文历史展…
水域空间"的设计理念…
一个动态的生态系统…
一条连通城市的绿色…
一处人与自然和谐相…
构筑德州市南部地区…

自然与城市：森林与…
生态与文化：人与自…

九龙河平面图

施吸引候鸟和水禽在此栖息；种植菖蒲、芦苇、水葱等水生植物，营造良好的具有生物多样性的生境系统。

　　2）休闲游憩区

　　休闲游憩区在合理配置错落有致的植物群落的同时，设置健身广场、游憩步道及休闲空间，形成或开阔或半开敞的活动空间，为市民提供休闲健身的场所。在毗邻水岸规划一定的休闲活动区，为人们营造"亲水、亲自然"的体验生态自然和谐的区域。

　　3）滨河商务区

　　滨河商务区规划控制以"滨河—绿色—生态"为理念，重点发展培育商务会议、休闲度假、休闲游憩等功能。重点打造休闲会所、星级酒店、企业公馆、水岸剧院等项目。

　　4）文化展示区

　　规划建设各种以传统文化为主题的游览活动区，通过各种当地文化体验项目的设置，人们可以在此领略德州市的民俗风情、特色美食等。

　　（4）九龙河八景

　　湿地洲渚、龙河绚秋、凤鸣朝阳、翠堤春晓、宝塔玲珑、风荷茶轩、龙湾烟树、九龙浴珠。

6.4.2　减河—岔河风景带规划

　　（1）规划目标

　　强化滨河防护林带的生态保育功能，在现有滨河林

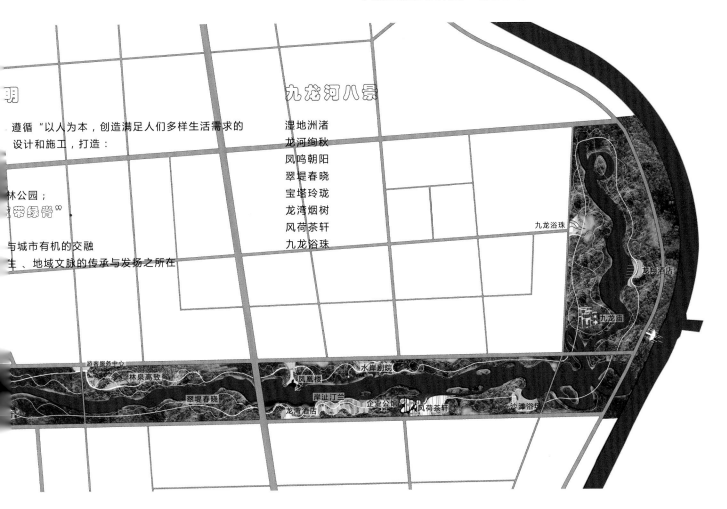

遵循"以人为本，创造满足人们多样生活需求的
设计和施工，打造：

林公园；
绿带绿脊"

与城市有机的交融
生、地域文脉的传承与发扬之所在

九龙河八景

湿地洲渚
龙河绚秋
凤鸣朝阳
翠堤春晓
宝塔玲珑
龙湾烟树
风荷茶轩
九龙浴珠

带的基础上进一步强化林带绿色屏障中的重要作用。改变原林带植物品种单一、种植方式单一的不足，形成适于场地的种类丰富的植物生态系统，同时兼顾游人休闲娱乐的需求。

（2）规划定位

打造德州南部生态新区滨水景观廊道，令减河与岔河景观和谐统一，在水岸形成连续的景观序列，林带以绿色为大背景，通过植物的合理选配，分段将河岸景观营造成不同的色调主题，形成色彩缤纷的河滨视觉走廊。

（3）主要树种规划

选用喜水耐湿、姿态优美的乔木，在河堤路以内密植；林缘增植花灌木及彩叶植物，并种植绿期长的野花地被组合；林下撒播耐阴地被。形成植物群落稳定且景观性强的滨水观赏带。

乔木：油松、华山松、侧柏、圆柏、毛白杨、国槐、旱柳、千头椿、元宝枫、白蜡、刺槐、栾树、合欢、泡桐。

灌木：山桃、溲疏、珍珠梅、金银木、锦带花、丁香、紫叶李、紫荆、黄刺玫、连翘、迎春、绣线菊、红瑞木、木槿、榆叶梅、海棠类、碧桃、紫薇、月季类、柽柳、荆条、紫穗槐、多花胡枝子。

地被：白三叶、麦冬、沙地柏、景天类、二月兰、紫花地丁、野牛草。

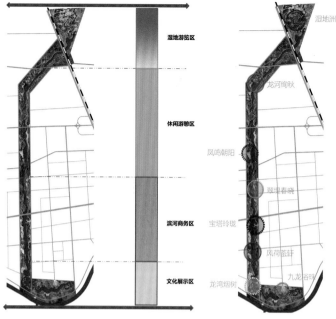

九龙河分区图   九龙河八景

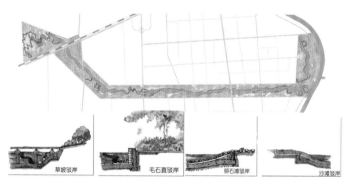

九龙河生态驳岸设计

（4）主要绿化景观节点

1）粉妆掩翠（粉）

在林下配植开粉色花的灌木及地被，打造粉妆掩翠的水岸景观，主景季为春夏季。主要植物品种：山桃、樱花、锦带、海棠、紫薇、郁李、落新妇、蓍草等。

2）佳木繁荫（绿）

在河岸边种植结构合理、种类丰富的复层混交群落，野芳幽香，佳木繁荫。主要植物品种：馒头柳、栾树、千头椿、金银木、山茱萸、珍珠梅、棣棠、崂峪苔草、荚果蕨、大叶铁线莲等。

3）烟霞凝碧（紫、白）

在河岸边种植紫叶和开紫花或白花的乔灌草，打造烟霞凝碧的水岸景观。主要植物品种：泡桐、国槐、红栌、黄栌、丁香、木槿、紫薇、糯米条、苜蓿、金叶莸、鸢尾、狼尾草等。

4）霞映澄镜（红、黄）

在河岸边种植色叶树种，在林下配植开红色或黄色花的灌木及地被，令河岸如霞映澄镜，主景季为春秋季。主要植物品种：栾树、元宝枫、紫叶李、红栌、紫叶矮樱、海州常山、紫薇、四照花、地锦、扶芳藤等。

5）荻岸苇风（白、黄）

通过在林下配植开白色或黄色花的灌木及地被，并在水岸边种植两个色系的湿生及水生植物，形成荻岸苇风的湿地景观，主景季为夏秋季。主要植物品种：糯米条、溲疏、迎春、蒲公英、芦苇、狼尾草、射干、菖蒲等。

滨水植物群落景观

7　产业园区规划

7.1　运河文化游览区

建设连接德州市城区和四女寺风景区的旅游中转站，打造以运河文化为主题，优美乡村田园景观为烘托的集旅游地产、商务会所、香草植物展示、生态观鸟等为一体的驿站式旅游区。重点项目有休闲营地 MALL、苍鹭园（生态观鸟园）、运河上的院子、古船闸游览区、全景融入式 IMAX 观鸟博物馆、乡土植物园、怀古台、香草植物产业园、花田景观、高效农田、休闲茶室、运河文化馆。

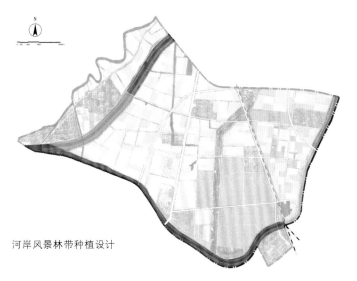

河岸风景林带种植设计

7.2　都市型现代农业示范区

7.2.1　规划目标

沿 105 国道打造都市型现代农业发展走廊，打造现代高效农业产业集群。

积极引进推广高、精、尖农业技术，开发培育名、新、特农产品，提高传统农作物的品质，增强德州都市农业产业发展后续力，打造具有德州特色的"精品"和"亮点"，着力培植在全省乃至全国有影响的都市型现代农业示范区。

7.2.2　规划定位

生态、优质、高效、高新技术应用示范于一体，力求将园区建设为农业高新技术科研、生产、示范、推广、农业科教培训、生态农业展示、容器育苗示范、循环农业示范、蔬菜 GAP 示范、精品园艺展示、市民园艺体验和综合接待服务培训基地。

7.2.3　重点项目

（1）现代农业示范基地

园区规模 1000 亩。规划集农业现代化生产、科研成果转化、农资信息交流，并具有开发经营、博览示范、知性教育、农业观光旅游等多功能的多元化产业基地，同时又是平原地区现代农业新文明的窗口和试验区，德州市都市现代农业和休闲农业开发的精品样板项目。重点项目：都市型现代农业孵化园、休闲垂钓园、设施农业、精品示范园、新品种展示园。

（2）大田农作物示范基地

面向鲁西北平原地区，进行平原生态农业技术研发

旱柳—紫薇—野牛草

刺槐—大花醉鱼草—地被菊

杜梨—樱花—雏菊

旱柳—海棠—野牛草、地被菊

国槐、栾树—地被菊、麦冬

柿树、圆柏—木槿—雏菊、白三叶

国槐、大叶杨—锦带花—雏菊

臭椿—丁香—白三叶、紫花地丁

栾树、合欢—山桃—地被菊、野牛草

国槐—贴梗海棠—早熟禾

栾树—圆锥绣球—麦冬

刺槐—菱叶绣线菊—野牛草

运河文化游览区

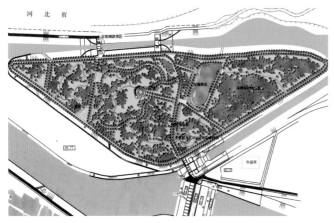

苍鹭园平面图

和模式化适用技术集成示范，为平原地区快速高效利用提供新的模式；挖掘和集中展示区域农特产品，实施生态化生产，发展超市农业、品牌农业和放心农业，增加传统农副产品的附加值。大田农作物示范基地分为三部分，分别由一号示范大田、二号示范大田、三号实验大田组成。

一号大田作为园区示范田，引进推广以优质专用粮食、高效经济作物为主的各类农作物，聘请有关农技专家做技术顾问，采用测土配方施肥等新技术，按照技术规范认真做好育秧、栽插、田间管理和病虫害防治等工作。

二号大田作为园区示范田，除用最少的消耗，用现代化高科技，获得可持续收益外，农作物本身也可谓诗意般的景观。设计麦田怪圈作为农田迷宫，以增加景区趣味性；设计瞭望塔，人性化地提供一个广视角观景平台；设计"节气"构筑物及节气广场，体现人与土地关系最精华的智慧。

三号大田将作为园区的实验田，实验农作物新品种，比对对照组，挑选优良品种，将其与优质高效安全生产技术相结合。对实验田施用化肥情况以及产量等进行全程跟踪。建立雨水收集系统和再生系统，利用温室的反季节高效净化系统，强化生物净化功能。

7.3 馨秋园

通过流转前仓、金庄、黄河涯土地，总面积已发展到 1400 亩。发展目标：三年内新增流转土地 600 亩，2013 年示范园总面积达到 2000 亩；实现销售收入过亿元，亩纯收入万元以上。

7.4 德惠园

依托独具特色的低洼地自然环境和便捷的交通条件，优越的罗非鱼养殖技术储备条件，建设以淡水鱼养殖为特色的综合性休闲渔业园区。

7.5 万亩桃园

充分利用果园优越的地理位置，优美的自然环境及便利的交通，统一规划，合理布局，适应游客的各种品味及需求，把万亩桃园建成一个集生态示范、科普教育、赏花品果、采摘游乐、休闲度假、生产创收于一体的综合性果园。

主要发展项目有：桃花观赏、大桃采摘、桃文化展示、大桃食品饮品开发、农事体验等。

景点的桃文化演绎：丰富旅游区内各个景点的桃文化演绎，并展示描绘该景点的诗句、绘画等。

馨秋园效果图

德惠园规划平面

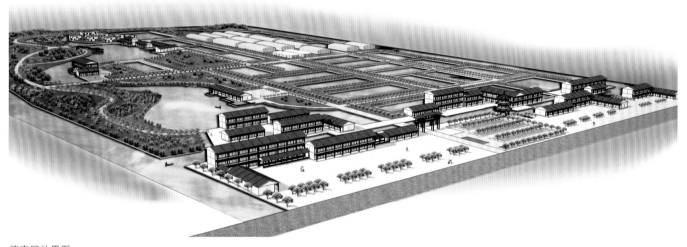
德惠园效果图

7.5.1 桃花观赏
丰富桃花观赏线路和设施建设。

7.5.2 桃文化博物馆
建设以桃文化展示为内容的博物馆。展示内容包括：本地各种品种桃的栽培过程展示厅，引进精品桃的栽培过程展示厅，各种桃制品、历代著名桃诗词绘画展示厅，与桃有关的影视作品和传说故事介绍展示厅。

7.5.3 桃文化主题雕塑园
规划建设桃文化主题雕塑园，以园区主题雕塑的形式展示传统桃文化。主要建设内容有桃文化广场，桃文化长廊，桃文化主题雕塑，如桃花仙子、桃花缘、桃花扇等。桃文化主题雕塑园通过主题雕塑、文化长廊、文化广场等景观元素的规划建设，融文化性、趣味性、知识性于一体，丰富万亩桃园的文化内涵。

7.5.4 节庆赛事活动
桃园可以根据节庆的举办效果，每年或几年周期性举办某某花会（节）、果酒、果脯、果酱、果茶、果饮品、果木制品以及果树盆景等相关产品的制作大赛和展览会、果品厨艺大赛等。

不定期举办果品栽培技艺比赛、采摘比赛、以桃为主题的书画比赛等节事活动。

在节庆文化活动的举办过程中，邀请各界名人作为

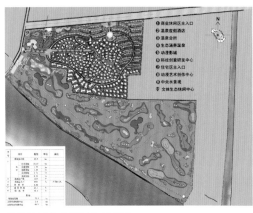

德岸漫城产业园区总平面图

德城动漫产业园

形象大使提高桃园知名度，并邀请国外友人、影视歌星、体坛明星来参与节庆活动，吸引外地游客前来参与，扩大活动的影响力。

7.5.5　桃文化旅游商品

桃木制品：桃木制作的各种手工艺制品，如桃木农具模型、桃木拐杖、桃木屐拖鞋、桃木弹弓、桃核雕刻等；

印刷品和出版物：桃花海画册、桃文化书籍、桃文化台历、挂历、年历、海报、宣传画系列等；

桃文化符号制品：桃木剑等。

7.6　商贸物流园及生活配套服务区

以雨润物流园为龙头，打造成为具有国际竞争力的综合性、多功能、现代化的农产品物流中心，构建通过核心区辐射全市乃至全国的现代物流配送圈。

通过科学合理的前瞻性布局规划，打破传统单一型物流区开发的模式，采取交易、存储、配送、商业、居住、办公、休闲多功能混合互动模式，实现多业态集聚效应，力求为广大客商提供一个规模大、档次高、服务功能强、服务范围广的交易和服务平台。

7.7　德城动漫园

规划定位以文化旅游为支柱，衍生产品设计、制作、销售为经济增长点，以动漫创意、制作、发行为宣传的、

完整的、立体的、不断循环发展的文化创意产业链条。

规划布局四大组团：新村安置组团、创意产业组团、商业服务组团、文体生态组团。八个中心：新村建设中心、文化旅游度假中心、动漫艺术创作中心、科技创意研发中心、动漫影城中心、沿街商业中心、艺术家工作中心、文体生态休闲中心。

8　近期行动计划

加强总体规划的横向与纵向层面的实施，深化各种类型的项目和产品开发，推广以"生态福地，和谐之洲"为主题的形象。

加大整体环境的治理与优化，加强产业系统的配置和提升，提高环境的品质，优化产业要素结构，构建强有力的支持保障体系，为今后整个生态新区的提升和深度开发奠定基础。

近期重点建设项目包括九龙河园林景观方案设计，泵站建设，九龙河整体环境整治，水网、路网、绿道的三网融合。

9　南部生态新区规划建设的启示

南部生态新区规划从2011年开始，在深入调查论证

项目建设时序表

重点项目	建设子项目		时序		备注
			2011~2015 年	2016~2020 年	
小城镇及社区共建	控制性详细规划，生态小城镇项目申报，基础设施建设，建筑立面改造，二十里铺、馨秋、鑫源、黄河涯、耿李杨等社区		控制性详细规划、生态示范城镇项目申报、社区共建	基础设施建设、建筑立面改造、社区共建	规划先行，分期建设
减河—岔河生态带	生态林带、景观林带、游憩节点		生态林带	景观林带、游憩节点	强化生态涵养
九龙河景观带	九龙河园林景观方案设计、泵站建设、九龙河整体环境整治、龙形水系建设		九龙河园林景观方案设计、泵站建设	九龙河整体环境整治、龙形水系建设	规划先行，重点打造
三网融合	水网	疏通九龙河西侧沟渠和区域内灌溉沟渠	疏通九龙河西侧沟渠和区域内灌溉沟渠	打造二干路、黄宋路为区域内主要交通道路	构筑德州市南部的"蓝带绿脊"
	路网	打造二干路、桃园路、金纪路、黄宋路为区域内主要交通道路	桃园路、金纪路主要交通		
	绿道	以二干路、桃园路、金纪路、黄宋路和南侧沟渠为脉络，打造网络状内环绿道系统，以减河、岔河、运河堤路为脉络打造开放式外环绿道系统	以二干路、桃园路、金纪路、黄宋路和南侧沟渠为脉络，打造网络状内环绿道系统	以减河、岔河、运河堤路为脉络打造开放式外环绿道系统	
旅游服务设施	游客服务中心、标识系统、绿道驿站、商业服务设施		标识系统	游客中心、标识系统、绿道驿站、商业服务设施	

基础上，对片区进行总体规划，确定其发展布局。经过几年建设，乡村变景区，田园变桃园，家园变花园，南部生态新区在"变"中发展，在"变"中升级。总结南部生态新区规划与建设的启示如下：

（1）充分验证了霍华德田园城市理论的观点："田园城市是为健康、生活以及产业而设计的城市，它的规模足以提供丰富的社会生活，但不应超过这一程度。"探寻出了把积极的城市生活的一切优点同乡村的美丽和一切可持续发展结合在一起的生态城市模式。

（2）为城市化过程中的城市边缘区农田景观保护和开发提供一定的理论指导和启示，使得应有的农田景观和乡村风光特色在以后的城市规划建设中得以保留。充分地遵循并验证了芬兰建筑师伊利尔·沙里宁的有机疏散理论中认为的"有机疏散的城市发展方式能使人们居住在一个兼具城乡优点的环境中"的观点。

（3）生态新区村镇体系规划形成一城镇五社区的发展格局和构建要求，符合了当前卫星城镇的发展趋势，即：

"人口规模适当增大；职能向多样性发展；尽量使工作与生活居住就地达到平衡；采用先进的交通系统与母城取得便捷联系。"达到了缓解主城市快速扩张所带来的压力，寻求城市合理持续稳定的发展格局这一宗旨。

（4）以生态新区内农业园区为载体，使传统农业生产方式转变为园区或庄园经济发展模式，这也验证美国建筑师赖特的广亩城市规划理想。

（5）生态新区建设成为德州可持续发展的重要战略空间。依托科技创新，推行循环经济，产业发展是项目之本，辐射带动是核心任务，和谐宜居是重要目标，城乡互融是发展方向。

（6）提出了生态新区三驾马车发展模式：村镇社区、绿色基础设施、产业园区。

（7）提出了基于多元化旅游项目和产品为目标构建"一核两带六区"空间体系，总结归纳了"一核引爆、双带联动，六轮驱动"生态新区发展态势。

中篇

绿色基础设施重塑国土大地景观

绿色基础设施是美丽中国的核心元素,是生态文明建设的重要空间载体,是新型城镇化建设、重构城乡中国的生态基础。

　　绿色基础设施不但改善城市的生态环境,为居民提供可以消费的农副产品,同时,提供了一个良好的休闲和教育场所。充分尊重和利用绿色基础设施,强化整个国土景观风貌的融合与渗透,有效发挥空间环境构成的美学价值及再创造价值,只有这样才有利于城镇社区的形成和繁荣,唯有此,"天蓝、地绿、山青、水净"的美丽中国才能早日得以实现。

　　半个多世纪前,我国伟大的绿色先行者梁希先生写下了"无山不绿、四时花香、万壑鸟鸣,替河山装成锦绣,把国土绘成丹青……"这是梁先生的名言,是梁先生的梦,也是 21 世纪我们美丽的中国梦!

线 性 景 观
——陕西省西安市灞河滨水公园景观设计

1 项目背景

西安是继北京和上海之后中国第三个"国际化大都市"，是举世闻名的世界四大文明古都之一，历史上是中国政治、经济文化中心和最早对外开放的城市，是著名的"丝绸之路"的起点。

西安国际港务区—内陆港——向东通往沿海国际港口，分享沿海港口的地理优势；往西经过铁路大陆桥通往欧洲，融入国家西部大开发的战略，整合欧亚大陆，国际港务区将是"新丝绸之路"的起点。

本案基地毗邻灞河——历史上灞河两岸柳絮漫天飞舞，人们多在此处迎送宾客，折下枝头柳枝相赠，依依话别，成了长安灞桥一大景观。灞河靠近世博园，处于港务区环状绿带的临水一侧，是港务区绿环的重要组成部分，是国际港务区的西大门，通过本案的开发建设，灞河滨水公园将成为国际港务的"外滩"，将创造性地提升周边建设用地的价值。

2 基地分析

2.1 现状建筑

基地内建筑形态陈旧，建筑周边植被单薄，需要适当改造、美化立面效果，适当增加植被遮蔽；长安码头配套服务建筑孤立，与周边环境不协调，需重新整合设计。

2.2 现状植被

堤坝上现状乔灌木搭配不协调，大乔木品种单一，

不适合环境发展要求。北面防护绿带没有休闲开放空间，灞柳作为本区位一个重要标识性的植物，可以点亮整体景观氛围。河中的滩涂，部分水生植物适合生长于此，是提升水面状态的良好资源，也是整体景观中不可多得的视线延伸点。

2.3 现状驳岸

堤坝形态单一，纵向笔直，材质缺少变化，不能体现基地特征。

2.4 现状道路

基地内有1条高速公路，4条城市主干道，2条铁路穿过，在居住区之间有城市二级主干道，打断整个园区南北向的联系。我们希望将灞河东路的交通压力转移至其东侧的两条城市二级主干道上，将灞河东路打造成一条景观大道，以求达到"缝合"公园的目的。

3 设计思考

本案在港务区整体绿化结构中处于核心地位，可将其定位为港务区的"外滩"，是由西安城区进入港务区的"第一印象区"，且毗邻世园会，区位条件优越，景观基础较好。

3.1 设计中的机遇

拥有大面积的水系开放空间，用地完整，有利于整体规划，功能定位；位于市区中心边缘，临近世博园和规划中的国际港务区，有利于联动发展；交通便利，毗邻城市快速路、主干道，与城市中心车行距离在25分钟

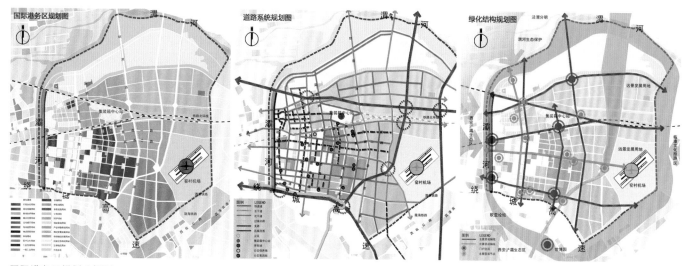

国际港务区规划分析图

灞桥两岸，筑堤五里，栽柳万株，游人肩摩毂击，为长安之壮观。——《西安府志》。

　　八条水系中，沪河、灞河与城市更为贴近，灞河更是国际港务区和城市之间的一个天然的景观带。在城市建设中，滨水景观带是不可或缺的。本案将强势打造出灞河景观的标志
性绿地，将国际港务区与城市相互融合，提升区域价值，向中国乃至世界展示国际港务区形象

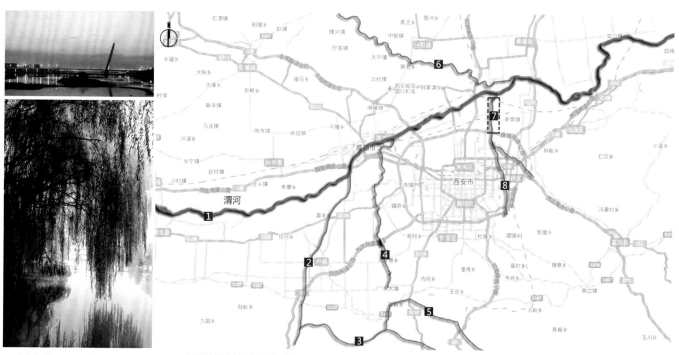

八水绕长安——西安水系分析

1 渭河 2 涝河 3 潏河 4 沣河 5 滈河 6 泾河 7 灞河 8 沪河

周边用地分析

基地周边用地以住宅用地为主，局部为商业用地，并且有市政绿地与基地相连接，将整个基地纳入城市绿带之中。另外还有现状西港高中用地、未来湿地用地以及铁路周围的防护用地等等。设计以此为依据，将对整个基地的功能区进行合理划分，以使建成后的灞河国际滨水公园与周边的住宅、商业、学校、绿地等现状用地形成紧密的联系，给周边带来绿的气息，给公园带来新的活力

住宅用地　　市政绿地　　商业用地　　湿地用地　　防护用地　　教育用地　　　　　　　　　　　基地范围

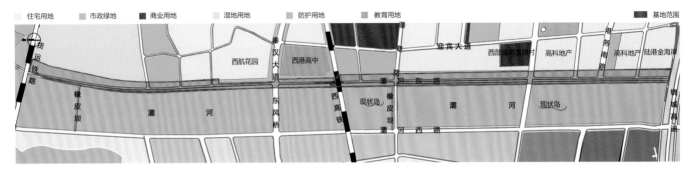

周边空间分析

■ 线性道路空间
现状道路为双向车行道路，景观视野开阔，但空间层次单一，灞柳的种植缺乏系统组织且病虫害严重，整体道路的空间单调且无法驻足观景

■ 林地空间
现状林地空间与道路高差较大，植被物种多样，生长良好，但大多植被是背景林植被，层次杂乱，缺乏疏密空间关系的组织

■ 水岸空间
现状堤岸高差大，亲水性较好，但驳岸硬，空间单调，安全性差，杂草丛生，人流混乱，景观效果差

现状建筑分析

■ 现状水闸建筑
水闸建筑孤立陈旧，景观效果差，需对其进行改造包装

■ 污水处理厂
现状污水处理厂需进行保留，但周围植被单薄，景观背景较差，需要适当增加植被对其遮蔽

■ 长安码头配套服务建筑
现状长安码头配套服务建筑要拆除，其风格、位置、功能、体量需进行整体规划与设计

现状竖向分析

- 堤坝形态单一，纵向笔直，空间形态单一
- 现状驳岸比较陈旧，材质缺少变化，不能体现基地特征
- 亲水平台防护栏杆太古朴，缺少现代气息和活力
- 一层平台和二层平台没有防护措施，有安全隐患
- 堤坝斜坡台阶混凝土栏杆太简陋，局部缺少栏杆
- 堤坝大台阶材质陈旧无法休憩使用，且面积很大，较为生硬

| 一级河堤标高 | 二级河堤标高 | 三级河堤标高 | 林地空间标高 | 高架、铁路 |

现状植被分析

- 堤坝上现状乔灌木搭配不协调，内容不够丰富
- 堤坝东侧林地空间大乔木品种单一，容易形成大规模的病虫害，不适合环境发展要求
- 北面防护带有大片密林，没有休闲开放空间
- 灞柳作为本区位一个重要标识性的植物，可以点亮整体景观氛围
- 水面上的湿地、滩涂，是整体景观中不可多得的视线延伸点
- 部分水生植物也为我们提供了适合生长于此，并能提升水面状态的良好资源

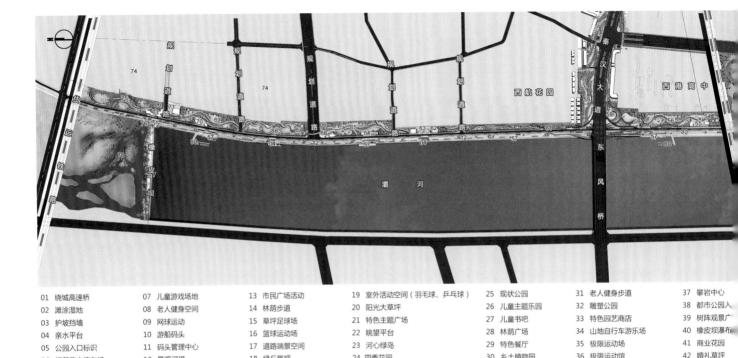

01	绕城高速桥	07	儿童游戏场地	13	市民广场活动	19	室外活动空间（羽毛球、乒乓球）	25	现状公园	31	老人健身步道	37	攀岩中心
02	滩涂湿地	08	老人健身空间	14	林荫步道	20	阳光大草坪	26	儿童主题乐园	32	雕塑公园	38	都市公园Ⅰ
03	护坡挡墙	09	网球运动	15	草坪足球场	21	特色主题广场	27	儿童书吧	33	特色园艺商店	39	树阵观景广
04	亲水平台	10	游船码头	16	篮球运动场	22	眺望平台	28	林荫广场	34	山地自行车游乐场	40	橡皮坝瀑布
05	公园入口标识	11	码头管理中心	17	道路端景空间	23	河心绿岛	29	特色餐厅	35	极限运动场	41	商业花园
06	绿荫集中停车场	12	景观河堤	18	绿丘氧吧	24	四季花园	30	乡土植物园	36	极限运动馆	42	婚礼草坪

总平面图

之内；基地内拥有良好的自然景观，如堤坝瀑布、生态湿地……

3.2　设计中的挑战

堤坝形态单一，空间格局单调，防洪性质堤坝，限制了空间设计分布；植被高、中、低搭配不合理，品种单一，易于受到病虫害的干扰；堤坝两侧高差悬殊，被铁路和城市主干道分割，使南北侧交通联系薄弱……

设计中需要解决的几个问题：堤岸高差的处理，线形的空间组织，设计手法元素的创新，美学形式与功能的完美结合。

4　设计灵感

以"新丝绸之路"作为设计概念，隐喻港务区物流在西安经济中的地位，映射历史上西安丝绸之路起点的重要地位。

5　设计主题

"再造丝绸之路，重现灞河风光"。

6　设计语言

以"丝绸的质感、形态"作为视觉语言来体现新丝绸之路的概念，主要体现在婉转蔓延的主游园步道、堤坝上地被种植轻柔富有韵律的景观空间上；同时以港务区物流工具中抽象出来的符号和材质来构成室外构架、灯具等景观家具的设计，运用全新的设计语言和设计手法，对整个灞河堤岸景观空间形态进行全新的定位，以此来体现新丝绸之路之"新"。

7　设计目标

强化港务区作为城港新区的发展魄力，重新梳理灞河

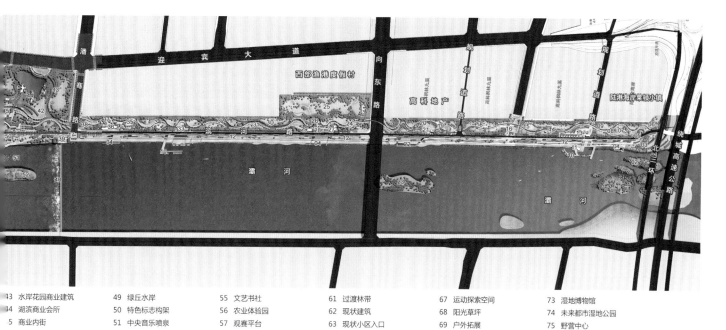

设计语言

■ 驳岸平面形式　　　■ 景观通道肌理　　　■ 景观节点肌理

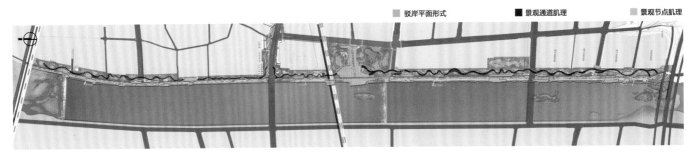

规划肌理图

■ 主要景观节点　　　■ 次要景观节点　　　■ 公园景观主轴　　　■ 滨水景观主轴　　　■ 景观次轴　　　■ 观景视线

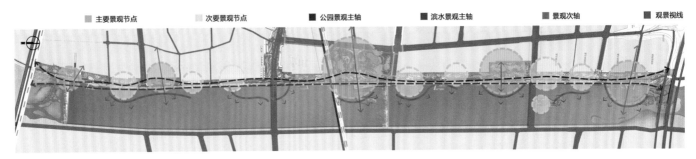

景观结构图

■ 城市郊野主题公园　　　■ 文化主题公园　　　■ 东风桥门户景观　　　■ 情景商业主题公园　　　■ 市民生活主题公园　　　■ 生态运动主题公园

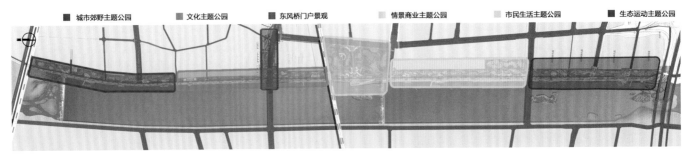

功能分区图

■ 城市市政车行道　　■ 铁路　　■ 非机动车道　　■ 游园漫步道　　■ 主游园道路　　■ 滨水步道　　■ 水上游线　　■ 防汛通道　　■ 商业步道

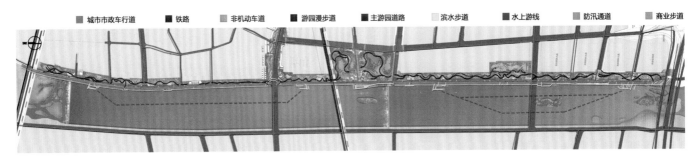

交通组织图

水岸线并完善城市、公园绿地系统，全面提升城市品质及形象；滨水休闲、主题商业、本地文化及城市广场等各景观空间将水岸边界串联，并引领人们置身于灞水、绿岛、栈道之中，尽享其乐，流连忘返；结合周边居住地块的具体功能，打造美妙、惬意的绿化环境，为家庭活动、社区互动、节日庆典等生活娱乐休闲提供新的去处，并倡导优质生活的全新生活方式。为城市居民和游客开辟出功能完美、现代优雅且充满趣味的滨水生活新天地。

遵循以功能为主，创造多样性功能空间原则，在现场标高的基础上，整合现场空间，局部抬升或下沉，以营造多重视觉感受景观空间体系。

8 规划肌理

一条"红色丝绸"贯穿基地，丝滑柔美，摇曳生姿。作为主园路，这条"红色丝绸"婉转蔓延，将6个片区串联成一体，同时由沿路的骨干乔木汇聚成的"绿色丝绸"与其相映成趣，形成地面与空中、红与绿的多重对比。

而堤坝上以细叶芒草为主的飘逸种植则更使其层次丰富。随着季节的转换，这条柔软飘逸的种植带会变成一条五彩缤纷的锦带，如织锦般编织出新概念的丝绸之路。

9 景观结构

主要景观节点、次要景观节点通过两条景观主轴（滨水景观主轴、林荫景观主轴）以及景观次轴进行串联。

10 设计分区

通过对周边地块性质以及水系高差变化的详细解读，将堤坝分成6个风格各异的功能组团，分别为：生态运动主题公园、都市主题公园、情景商业主题公园、科普文化公园、水上主题公园以及城市湿地公园。由北至南纵观整个坝区，景观主题的分布呈现趣味性的节奏感，即从南北两头往中间，由生态林地、水岛循序渐进为情景商业中心。

10.1 林中舞蹈——生态运动主题公园

林中舞蹈片区通过婉转蔓延的丝绸飘带形态将整个园区串联在一起,随着飘带的舞动,小型足球场、篮球场、网球场等运动场地自由地散落在公园之中,密植的树林,形成小气候的天然氧吧,运动着的人们,映衬着浓郁的绿意,林中舞蹈在此展开……

运动主题吧为前来运动的人们提供了休闲休憩的空间的同时,可以多层次地提供更多休闲项目:如观看赛事,进行运动宣传,购买运动用品等等,河中的绿色垂钓主题岛为喜爱垂钓的人们提供了更安全、更优美的垂钓环境,垂钓比赛等活动赛事项目也将是一种富有情趣的全新的运动融入整个主题公园。

生态运动主题公园效果图

01 游船码头	08 非机动车道
02 抛石驳岸	09 车行道
03 特色景观构架	10 屋面休闲观景平台
04 滨水平台	11 服务配套建筑
05 挡墙种植	12 停车场
06 柔软植被种植	13 背景林带
07 观景平台	

生态运动主题公园剖面图

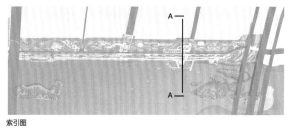

索引图

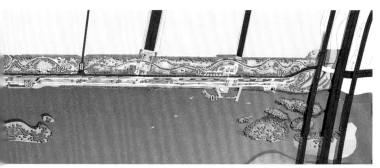

10.2   都市公园——市民生活主题公园

都市公园片区东侧规划用地均为高档住宅用地,此片区将老人、孩子、青少年的活动场所有机分配,间隔岩石公园、乡土植物园和雕塑公园,使每个年龄段的人均有合适的活动场所,将成为整个档新型居住区区的后花园。

在儿童运动场地,有彩色塑胶山丘、游戏草地和儿童花园,可以有很多亲子活动。活动场地旁有休闲咖啡和儿童图书馆、玩具店。大人小孩均能找到自己的乐趣所在。

老人健身区设计成了四季植物园,同时摆放雕塑作品。这样既有人文内涵又兼具自然气息。可设置零售商业和花店,出售鲜花盆栽。

青少年活动区域是极限运动片区,主要有轮滑场、攀岩、滑板、山地自行车等。

整个都市公园设计有与之相对应的灞河4个游船码头停靠点以及河心岛上的阳光主题沙滩,丰富了水上娱乐活动,让人们一出小区即可享受到公园的丰富娱乐设施。

市民生活主题公园效果图

01 临时停车　　　　　08 休闲坐凳
02 入口小广场　　　　09 主题廊架
03 商业建筑运动主题吧　10 立体花园
04 观赛绿阶　　　　　11 住宅建筑
05 屋面观景休闲平台
06 极限运动场
07 特色种植

市民生活主题公园剖面图

02 立体阶梯花坛

01 老年健身运动中心

03 儿童活动中心

10.3　城市客厅——情景商业主题公园

城市客厅区设计有以商业娱乐功能为主的情景商业街。提取港务区集装箱代表符号和材质，设计建筑外立面，形成特色鲜明的创意街区。街区里设置陶吧、工艺展示等特色商业，创意工坊、商务花园、特色影楼、城市艺廊、景观餐厅等等内部功能。街区后花园区域设计有水岸花园、森林岛、公园自行车、婚礼亭、表演及风筝草坪……

对面堤坝设置大型庆典广场及台阶看台，以供举行大型活动时使用，和情景商业街相呼应，是整个园区的核心所在。城市音乐喷泉和水幕电影以河心绿岛为背景，为整个园区增加了一抹更加绚丽的色彩。

情景商业主题公园效果图

01 市政人行道	08 主题构架
02 商业街入口广场	09 大看台
03 情景商业建筑	10 水舞台
04 休闲商业空间	11 亲水平台
05 景观主题雕塑	12 亲水台阶
06 景观灯柱	13 中心喷泉（国际港务区发展之路主题水幕电影）
07 屋面观景休闲平台	14 背景岛

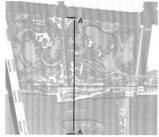

索引图

01 市政车行道
02 商业街入口广场
03 景观灯柱
04 休闲平台
05 立体绿坡
06 休闲坐凳
07 景观廊架
08 主游园步道
09 景观大树
10 花园草坪

情景商业主题公园剖面图

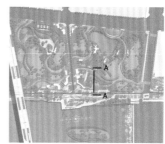

索引图

10.4   书香门第——科普文化主题公园

东风路桥是基地内连接国际港务区与主城区的主要门户，因此在入口处设置沿堤顺势而上的标志性特色景观灯柱，从视觉、空间上营造恢弘大气的景观效果。在桥下方设计有通透的台阶亲水广场，与整个水上运动观赛点有序地分布于岸边，这里同时还是龙舟、赛艇等水上运动的观赛点。盛大节日期间，东风路桥是烟火主要燃放点，也将是整个园区的一个标志性景点。东风路桥以南现状为西港中学，因此紧邻中学设计有森林教室、科普园地以及农业体验园。寓教于乐，将娱乐与学习有机结合。桥北侧通过过渡林带与水上主题公园相衔接。

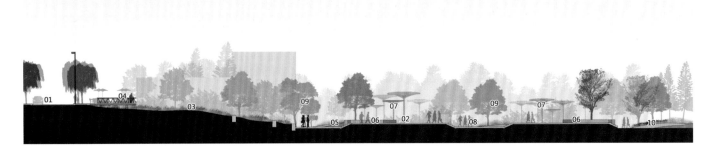

01 市政车行道
02 科普广场
03 绿色阶梯
04 休闲平台
05 立体绿坡
06 休闲坐凳
07 景观构架
08 主游园步道
09 景观大树
10 花园草坪

索引图

科普文化主题公园剖面图

科普文化主题公园效果图

10.5 碧波观澜——水上活动主题公园

结合港务区总体规划，结合将来的城市绿化用地，打造一个水上活动主题公园——碧波观澜，水上运动主题公园主要设计有商业、景观餐厅及水上运动俱乐部，是水上运动赛事管理中心。堤坝边的码头，是未来赛事宣传、组织、管理的核心。

10.6 柳舞莺歌——城市郊野主题公园

根据总体规划，柳舞莺歌郊野主题公园北面是未来湿地公园用地，因此本区域的景观将是滨河公园与湿地公园的衔接区域，城市郊野主题公园主题为郊野活动，结合现状，选植大乔木，营造城市森林湿地的感觉。疏林草地中，是露营、野餐、烧烤的好去处。现状橡皮坝下游自然的滩涂湿地是未来观鸟的最佳观赏点，同时，也是观赏橡皮坝瀑布的绝佳位置。

鉴于大树、水岛、瀑布、飞鸟等元素构成的环境场地，此区域内设计有婚纱摄影花园以及水生植物科普馆、生态探索馆等主题场馆。

01　湿地木栈道
02　景观构架
03　生态湿地
04　景观林带
05　活动空间
06　车行道
07　休憩廊架
08　台阶步道
09　建筑装饰
10　橡皮坝瀑布
11　现状湿地滩涂
12　现状植被种植

城市郊野主题公园剖面图

索引图

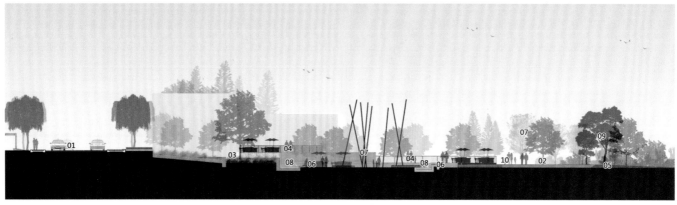

01　市政车行道
02　树阵广场
03　绿色阶梯
04　休闲平台
05　立体绿坡
06　休闲坐凳
07　景观小品
08　涌泉水池
09　景观大树

索引图

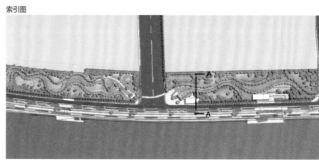

城市郊野主题公园剖面图

城市郊野主题公园效果图

城市郊野主题公园效果图

现状水闸建筑分析：

现状水闸建筑为橡胶坝的管理用房，孤立陈旧且不便拆除。其建筑风格不能与周边环境相融合，景观效果较差

现状照片

现状水闸建筑改造原则：

在遵循灞河国际滨水公园整体设计原则的基础上对水闸建筑进行包装、改造，旨在使改造后的建筑除了满足橡胶坝管理的基本使用功能外，也能成为景观设计中的亮点，闪耀于灞河之上

现状水闸建筑坐落在城市郊野主题公园、灞河之滨，是基地内唯一保留建筑。在保留其功能主体的前提下，外立面装饰改造以丝绸元素"茧"为原型，运用现代、简约的手法，以生态、绿色、低碳为原则，使其融入城市郊野主题公园大的生态环境之中，简洁大气也不乏现代感

现状水闸建筑　　保留建筑结构部分　　建筑主体立面改造　　建筑整体特色装饰

城市郊野主题公园现状水闸建筑改造

10.7　流光溢彩——东风桥门户景观

在"门户节点"的设计中，我们利用具有标志性的雕塑、灯柱等景观元素强调出国际港务区的特色性、标志性，我们力争在车辆的快速通行中形成视觉亮点，给人以"门户"、"第一印象"的震撼体验；"迎宾节点"

的设计中，我们结合迎宾大道的景观优势，利用五彩花坛、特色雕塑等元素表达出绚丽多彩的迎宾氛围，展现城市活力，形成景观亮点，并给居民、学生、游客带来最大方便。与此同时，秦汉大道两侧的景观绿带与滨河东路绿地公园相衔接，将城市绿地系统整体组织的同时也将"门户"、"迎宾"两大景观节点有机地串联。

01 堤顶路
02 挡墙草坡
03 车行辅道
04 景观步道
05 桥头广场
06 主题雕塑
07 景观树阵
08 草坡绿阶
09 商业广场
10 现状建筑

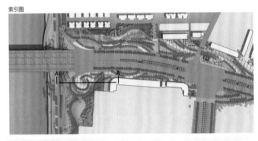

索引图

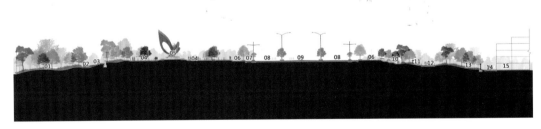

01 草坡地形
02 景观园路
03 草坡绿阶
04 桥头广场
05 主题雕塑
06 市政人行
07 非机动车道
08 机动车道
09 秦汉大道
10 桥头广场
11 雕塑地形
12 景观步道
13 背景种植
14 小区道路
15 小区建筑

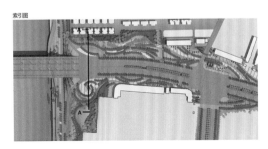

索引图

东风桥门户景观剖面图

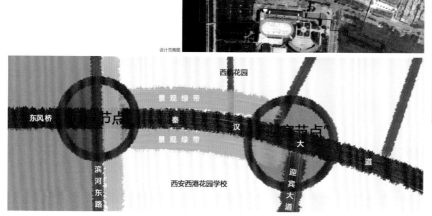
设计范围图

设计灵感——流动的绿脉
经济之脉、文化之脉、生态之脉 ……

自然之脉　　城市之脉

经济之脉、文化之脉、生态之脉

"丝绸"元素与"地球"元素在雕塑中的运用

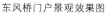
东风桥门户景观效果图

江北水乡·运河古城
——山东台儿庄运河国家湿地公园总体规划

1 项目概况

  台儿庄形成于汉，发展于元，繁荣于明清。明万历二十一年（1593年）京杭大运河改道台儿庄，台儿庄逐渐发展成为"水旱码头"和商贸重镇。城区内现存完好的3km古运河河道及明清繁荣时期的古街、古巷、古码头等古城遗址，被世界旅游组织称为"活着的运河"和"京杭运河仅存的遗产村庄"。

  现在台儿庄重建的被二战炮火毁坏的台儿庄古城，成为世界上继华沙、庞贝、丽江之后，第四座重建的古城，也是中国第一座二战纪念城市。

  台儿庄运河湿地公园东起涛沟河，西到峄城沙河分洪道，南至台儿庄运河南大堤，北至涛沟河大桥，规划区总面积2592hm²。具体有水域、林地、河滩湿地、水稻田湿地、建筑用地、交通用地等地类。台儿庄运河湿地公园生态系统多样，有湿地生态系统、森林生态系统、农田生态系统等。野生芦苇、蒲草、荷花、芡实等湿地植物群落是该园植物群落的典型代表。水景是台儿庄运河湿地公园最主要的生态旅游资源。台儿庄运河是京杭大运河上保存较完整的古老、原生态河段，至今风韵犹存，焕发着勃勃生机，"江北水乡·运河古城"是台儿庄运河湿地的真实写照。

  台儿庄运河湿地景观和当地民俗风情都属北方地区少见的旅游景观资源，生态环境优美，旅游资源品质高，结合较好，具有很高的旅游开发价值。台儿庄运河湿地公园以古运河为主体，以鲁南运河文化为依托，充分整合了原有的自然生态风貌以及人文资源特色，是古运河湿地的典型代表。利用运河建设湿地公

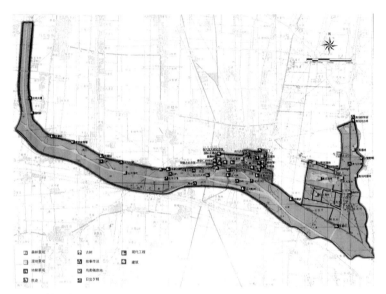

资源现状分布图

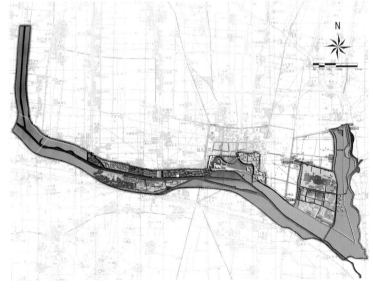

总平面图

十里荷花廊鸟瞰图

园，发展生态旅游业，对城市和河流湿地的保护与恢复有着重要的示范作用。

台儿庄运河湿地公园地理位置独特，湿地资源丰富，历史文化内涵深厚，具有重要的科研保护价值和旅游开发价值。2007年被枣庄市林业局批准晋升为市级湿地公园，2008年被山东省林业局批复建设省级湿地公园，2009年被国家林业局批复建设为国家级湿地公园，湿地得到了进一步地有效保护和发展。

2 规划指导思想

根据台儿庄运河湿地公园生态资源和环境现状，以维护湿地生态平衡，保护湿地生态功能，保障运河水质和保证湿地生物多样性为基本出发点，坚持"保护优先、科学修复、适度开发、合理利用"的基本原则，以台儿庄运河湿地生态系统为特色资源，建成以保护为主，集科研、宣传、观光旅游、休闲度假多种功能于一体的国家湿地公园，实现该湿地生态系统的可持续发展，充分发挥其在当地国民经济中的生态、经济和社会效益。

台儿庄运河湿地公园建设要强调人与自然和谐并发挥湿地多种功能，应当突出台儿庄运河湿地的自然生态特征和地域景观特色，维护湿地生态过程，最大限度保留原生湿地生态特征和自然风貌，保护湿地生物多样性。规划要注重挖掘、展示源于湿地的人文资源，让公众在领略湿地自然风光、认识湿地的同时，了解湿地的文化、民俗及其在生态文明进程中的作用，使其不仅发挥特有的生态效益，也成为提高公众生态意识的教育基地。

3 规划定位

根据对资源的分析和建设条件论证，考虑到湿地公园建设和湿地旅游发展趋势，台儿庄运河湿地公园应定位在：以湿地资源保护、修复为前提，以台儿庄运河湿地生态系统和历史文化为主要景观资源，以湿地休闲观光、科普教育、度假休闲为主要内容的综合性湿地公园。总体定位："江北水乡·运河古城"。

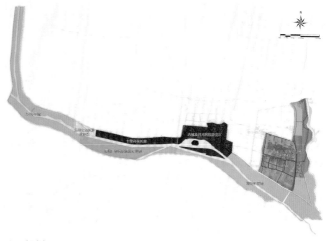

分区规划图

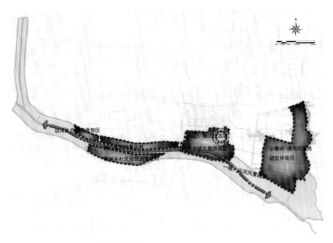

一心一轴五区的空间结构图

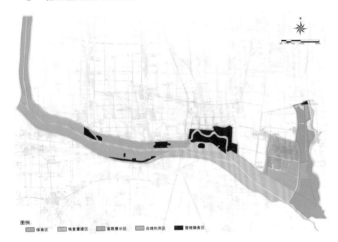

湿地功能分区图

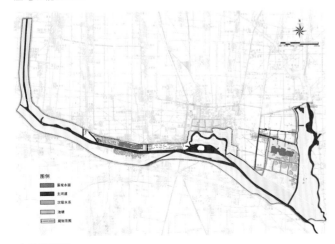

水系规划图

公园规划区水网纵横，水资源丰富，具有江北水乡的特征。公园规划区包含京杭大运河部分河段，是大运河通航最北端，而且，台儿庄城区的古运河——月河拥有千年京杭大运河上保存最完好的古河道、古码头、古驳岸、古村落等遗迹。台儿庄运河湿地公园建设"江北水乡·运河古城"不同于江南水乡，规划着力打造"江北水乡·运河古城"的古、秀、静、奇之美，塑造城景相融、天人合一的整体环境景观。通过打造"江北水乡·运河古城"建设台儿庄运河国家湿地公园，既保护了数百年来的运河湿地资源和文化，又延续将湿地旅游文章做大做强，实现旅游富民。

4　总体布局

根据该园的空间地域特色以及景观资源类型构成，从有利于游线组织和游客活动的角度出发，将运河湿地公园划分为五个旅游片区，构成"一心一轴五区"的空间格局。"一心"指台儿庄古城，"一轴"指运河风景画廊，即东西向的运河水上景观轴，"五区"指月河及古城风貌游览区、十里荷花廊、南闸乡村民俗旅游专业村、运河生态旅游度假区、小季河—涛沟河湿地游览体验区。

5　规划分区与重点项目建设

5.1 古城及月河风貌游览区

5.1.1 项目概况

该区位于台儿庄城区的南部，由月河串联月河水上公园、台儿庄大战纪念馆、李宗仁史料馆、贺敬之文学馆、火车站、台儿庄古城区等旅游景点，形成台儿庄旅游中心景区，面积 140hm²，其中，月河上游已建成区域面积 60hm²，月河下游古城规划恢复区面积 90hm²。

5.1.2 规划定位与建设项目

台儿庄具有二战名城的地位，在全国具有旅游资源的唯一性，因此，古城旅游应以二战历史寻踪游、运河古城风情旅游和度假休闲旅游为主题。通过恢复明清运河古城，与台儿庄大战文化相结合，重建具有地域特色的城市景观系统、河流湿地生态系统，实现城市生态、景观、水生态环境保护的良性循环，充分发挥其生态功能、保护功能、游憩功能，提供可供游人体验台儿庄"古韵"和运河文化、"大战"文化的场所。

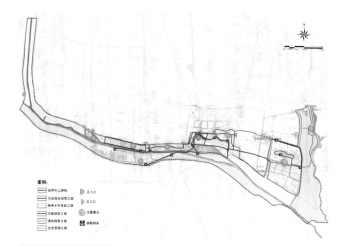

旅游线路组织规划图

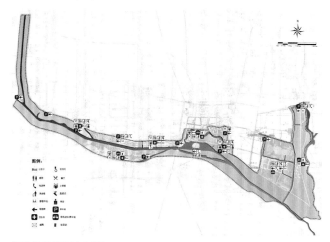

旅游设施规划布局图

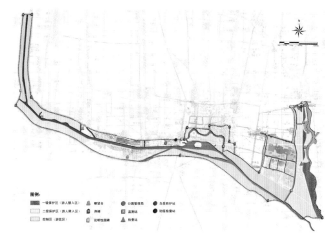

保护工程规划图

台儿庄古城景观风貌

台儿庄古城重点建设项目库

项目名称	项目定位	子项目库
北城河湿地公园	以各类江北水乡湿地植物为特色的植物公园，共有9个汪塘相连，与护城河相通	主要有荷花塘、水莲汪、芦花荡、芷兰汀、鸢尾泽、菱花淀、水烛滩、稻香岸等特色湿地景区，并有桃花坞、杨柳堤、杏花渡、准提阁、清凉庵、尤家埠、中正门、泰山行宫等
西门安澜景区	古城景区的主入口，是一个以传统城池空间景观为特色的景区	主要有安澜岛、西门、台儿庄历史文化博物馆、水门、台儿庄大战临时指挥所、步云桥、玄帝庙等
纤夫村景区	以休闲度假和传统村落景观为特色的景区	主要有九龙庙、贞节牌坊、兴隆桥、"纤夫村"民俗大院、南清真寺、神台、古水闸、"土园"等
新关帝庙景区	以关帝庙参观和休闲为主题的景区	主要有和尚坟、新关帝庙、金龙大王庙、小南门、县丞署、王德兴号和各个运河古码头等
板桥—花楼景区	以板桥汪、花门楼等传统园林景观为特色的休闲景区	主要有板桥、花楼桥、兰陵书院、台儿庄水文化艺术馆、大战弹迹墙参观点、水上街市等
清真寺—九龙口景区	以清真寺和汪塘传统园林景观和休闲商业街市为特色的景区	主要有清真寺、三官庙、魁星楼、九龙口广场、小街、两半汪及戏园、牛市汪花园等
运河街市景区	以休闲和运河景观风貌观光为特色的景区	主要有天后宫及戏台广场、漕运广场、胡家大院、郁家码头、台庄闸遗址公园、双巷码头、王公桥码头、"泰山堂"私塾、袁家大院、弹迹墙、中和堂、德和祥等
水上街肆景区	以传统商业街购物为主题的景区	主要有吴家票号、天后宫码头、文昌阁、花庙旧址等

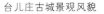

台儿庄古城景观风貌

中华古水城　英雄台儿庄

京杭运河赋予了台儿庄重要的经济与战略地位。1938年中国抗战台儿庄大捷名垂青史。为发掘这一人文历史资源，台儿庄对当年大战的遗迹、遗址作了保护性开发，还兴建了台儿庄大战纪念馆等一系列大型纪念设施，使台儿庄成为全国爱国主义教育基地、全国红色旅游经典线路。它们所承载的丰厚的运河文化、水运商旅文化、爱国主义教育的大战文化信息，都将为台儿庄运河湿地公园的建设，增添人文色彩

5.2 十里荷花长廊

5.2.1 项目概况

近年来实施的"十里荷花长廊"工程分布在主河道的北侧，河堤南侧的河槽洼地处，主要以退耕种植浅池有机水藕为主。十里荷花长廊由 10000 多亩沿运湿地建成，湿地生长着 300 多种荷花（睡莲），20 多种湿地水生植物，10 多种鱼类和 50 多种水鸟，是台儿庄区马兰屯镇合理利用湿地资源，发展湿地生态旅游和绿色生态型产业的有效创意。

目前，荷花长廊总面积达到 12000 亩，该项目总投资 5000 万元，已建滨河观光大道 13 华里，农家乐、游泳池、度假村、龙须岛、人工湖等配套景点和观光亭、栈桥、深水区、商务区、停车场等游客服务设施 20 多处。

5.2.2 规划定位与建设项目

充分利用沿运滩地，因地制宜，化害为利，精心打造十里荷花长廊，建设湿地旅游综合开发项目，注重挖掘经济效益、生态效益和社会效益，丰富了江北水乡运河古城的观光内涵，把十里荷花廊打造成荷花品种汇集，各项游览功能齐备，令游客流连忘返的荷花湿地乐

台儿庄国家运河湿地风光

台儿庄运河湿地公园是中国国内第一家以运河湿地为主的湿地公园，主要由涛河河道段、峄城大沙河分洪道下游段以及两河口之间的京杭运河段等河流湿地组成，将台儿庄城区包围其中，属典型的河流湿地，规划总面积 2592 公顷。其性质是以湿地资源保护、修复为前提，以台儿庄湿地生态系统和历史文化为主题、景观资源，以湿地观光、科普教育，度假休闲为主要内容的综合性湿地公园。

十里荷花廊景观

十里荷花廊景观

世界小姐走进运河国家湿地公园

园，形成集荷花观赏，旅游生态于一体的湿地旅游新目的地。建设项目主要有游客综合服务中心、百荷精品湿地园、水上荷香餐厅、渔家乐休闲区、生态种植园、人鱼同乐园、木栈道、龙须岛、有机藕种植示范园、垂钓园、十里花堤。

5.3 南闸乡村民俗旅游专业村

5.3.1 项目概况

台儿庄区南闸村位于大运河和伊家河交汇处，该村地形呈鸡嘴状，东西长 2100m，南北较窄处仅 30m，是台儿庄夹河套地区最深处的一个村庄，素有一线天之称。2009 年，台儿庄区南闸村至下楼子村 4km 水泥路面顺利完工，在村东修建一座桥梁，使该村到台儿庄城区距离由原来 20km 缩短到 3km，极大地方便了当地群众的出行。南闸村环境优美，民风淳朴，《石榴花开》剧组曾到此村取景，适合开发成乡村民俗旅游专业村。

5.3.2 规划定位与建设项目

规划建设坚持以人为本，努力促进南闸村旅游专业村全面、协调、可持续的发展，促进全村经济社会和农民的全面发展，实现全面建设小康社会的目标。

以发展农村经济，整治村庄环境，改善基础设施，完善公共服务，加强生态保护，培育新型农民为主要内容。加强旅游基础设施建设，改善旅游环境，提升旅游服务质量，加强旅游市场管理，增强旅游吸引力，最终打造成为台儿庄区乃至山东著名的社会主义旅游新农村。

建设项目：新农村建设成就展示暨旅游服务中心、南闸村文化休闲广场、南闸村新农村会议中心、特色餐饮民俗一条街、特色农产品加工一条街、万亩荷园、运河自驾车营地、滑草场、农艺园、乡村田园迷宫、观景塔、市民农园、彩色花田、农家乐。

5.4 运河生态旅游度假区

5.4.1 项目概况

该区位于十里荷花廊的西侧，紧邻运河，林木茂盛、环境优美，适合建设生态旅游度假设施，发展生态旅游产业。

5.4.2 规划定位与建设项目

本项目以影视创作基地＋高档生态度假设施为核心发展区，并以此为核心向外辐射带动外围地区的旅游产业发展。依托项目区内丰富的水资源，着力打造影视创作基地知名品牌，塑造"运河岸边的影视文化创作基地"主题形象，打造成集影视拍摄、艺术交流、文化体验、休闲度假等多功能于一体的高端生态旅游度假区。

建设项目：度假酒店、滨水度假别墅、艺术家园区、亚健康恢复中心。

5.5 小季河—涛沟河湿地游览体验区

5.5.1 项目概况

台儿庄城东郊区是"三水"农业生产基地的重要分布区，小季河自城区向东南穿过该区。小季河为台儿庄城区的排污河道，长期以来，开挖鱼塘、乱伐树木破坏了河道原有生态环境，沿岸工业企业生产废水和城市未经处理的生活污水直接排入河道，河水污染严重。经过近几年的改造和治理，流域生态环境有所改观，目前，小季河流域进行河道走廊湿地生态修复工程已进入实施阶段，该项目具有城市污水治理的示范作用，因此，将该区域纳入湿地公园规划范围。

涛沟河为苏鲁两省三县（市）边界河道，全长 31km，总流域面积 676.2km²。涛沟河发源于苍山县马庄村北部山区糖稀湖一带，汇入运河，是运河上游主要支流之一。涛沟河作为省界河，人为干扰较轻，加之湿地公园建设以来的保护，该区域生态环境良好。

5.5.2 规划定位与建设项目

规划小季河—涛沟河为公园的湿地游览体验区，小季河、涛沟河湿地生态修复以河道湿地生态修复为主，人工湿地水质净化系统为辅，兼顾景观旅游开发的主体思路。通过湿地生态修复工程建设，进一步提升该区域的景观可游览性，打造成两岸绿树环拥，河滩水草萋萋，芦苇摇曳，水禽嬉戏的自然野趣生态景观，建成集观光游赏、科普教育、自然体验于一体的湿地旅游体验区，成为市民与游客了解有机农业、湿地资源的户外大课堂。

建设项目：出入口、三水农业生产基地、自驾车游线、

运河湿地人家

生态码头、污水处理厂、人工湿地湖、水生植物科普园、湿地体验木栈道、河堤堤顶公路硬化及堤坡绿化。

6 湿地保护与修复工程规划

全面加强台儿庄运河湿地及其生物多样性保护，维护该湿地生态系统的生态特性和基本功能，保持和最大限度地发挥湿地生态系统的各种功能和效益，按照先保护后完善，依法科学管理的原则，使湿地公园生态旅游持续健康发展。

保护与修复工程面积约1500hm²。在全面查清湿地资源本底和环境状况的基础上，重点保护好现有湿地资源和湿地环境，疏浚淤积河道，修复湿地植被，加强保护设施建设，为台儿庄运河湿地公园的全面保护和持续发展奠定基础，也为生态旅游提供保障。

将湿地公园划分成重点保护区和控制区。

6.1 重点保护区

将重点保护区划分成游人禁入区和游人限入区。

6.1.1 一级保护区（游人禁入区）

将涛沟河河床区域湿地划为一级保护区，面积150hm²，是公园重点保护区。该保护区作为芦苇湿地和禽鸟栖息繁殖地保护的重点区域，除设供科研人员的观测点（台）外，不安排任何游览服务设施，禁止游客进入。

6.1.2 二级保护区（游人限入区）

将涛沟河河滩地区域湿地划为二级保护区，面积52hm²。该区最大限度地控制各种人为干扰，以保证湿地生态环境的修复，实现湿地生态系统功能与结构的稳定。

该区仅设步行木栈道或架高构筑物，让游客零距离感受湿地，减少对环境的负面影响，设人工鸟巢以及枯木桩、浮木数处，为鸟类的驻足提供停留点。区域内设观鸟瞭望台等，游客可以望远镜的方式观赏涛沟河苇海和鸟类。

6.2　控制区（游览区）

主要指公园的其他生态旅游活动区、湿地修复区、管理服务区等区域，严格按照环境容量控制入园游客量。控制区面积2390hm²。

运河湿地风光

下篇
产业集聚区强力支撑城乡发展

产业集聚是新型城镇化建设的支撑和驱动力，为城镇化建设提供经济物质基础，有坚实的产业支撑，城镇化就会更有活力，更能持续发展。

新型城镇化已成为我国现代化建设的历史任务和扩大内需的最大潜力所在，产业集聚区作为城镇化发展的重要引擎，在加强城乡产业发展的"造血"功能，带动区域经济、城乡一体化发展过程中起到举足轻重的作用。

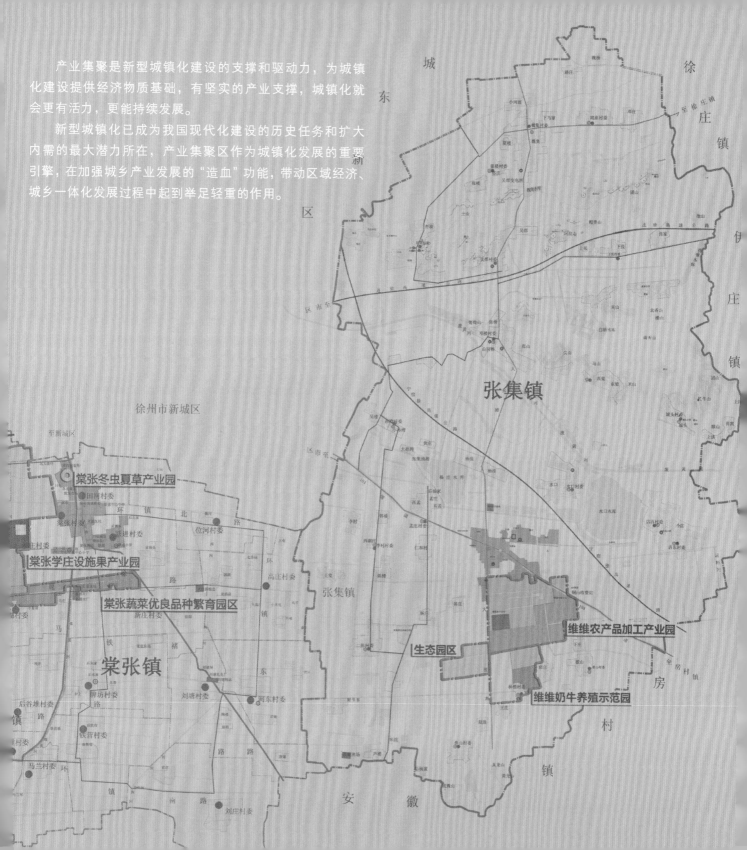

都市农业为主导的国家现代农业示范区总体规划

—— 江苏铜山案例

1 都市农业发展态势分析

都市农业是指位于城市化和半城市化地区的一种综合农业经济行为，包括从生产加工、流通消费到食品安全监管和休闲体验的整个经济过程。都市农业具有比乡村农业更强的多功能性，体现在生产（多元和高效经济并存）、生活（弱势群体参与和和谐社会构建）、生态（生物多样性保护和优美环境重建）和生情（自然景观教育和健康文化创造）等诸多方面。都市农业对内为现代化都市经济发展提供服务功能，对外为整个农业和农村经济的现代化发挥示范带头作用。

目前世界各国都市农业发展形成了园区和基地为龙头，以生态绿色有机农业、观光休闲农业、市场创汇农业、高科技现代农业为标志，以农业高科技武装的园艺化、设施化、工厂化生产为主要技术途径，以大都市市场需求为导向，融生产性、生活性和生态性于一体，高质高效和可持续发展相结合的都市型现代农业。

都市农业率先在欧美、日本等发达国家发展起来，至今已积累了相当丰富的经验。这些经验已在全球 50 多个国家和地区中得到推广，逐渐形成了以园区和基地为龙头，高质高效与可持续发展相结合的都市型现代农业发展模式。世界各国都市农业发展实践证明：都市农业是城乡发展体系中的重要组成部分，是推动城镇化发展、农业产业化升级的重要载体。

都市农业现已成为我国各大城市农业发展的主导思路，呈现出良好的发展态势，其中尤以地处环渤海湾地区、长江三角洲、珠江三角洲地区的北京、上海、珠海和广州等地发展的最好，已取得显著成效。

都市农业以大城市为依托大力发展绿色农业、休闲农业、工厂化农业、特色农业、创意农业、立体农业、订单农业等类型，在农业的生产功能基础上，积极拓展了现代农业的其他功能。

2 规划缘起

2009 年 10 月，农业部通过了加快推进现代农业建设和农村改革试验工作的决定，以引领现代农业建设为主题，在全国范围内创建一批具有产业特点和区域特色的国家现代农业示范基地（园区）和重点建设一批农村改革试验区，推进城乡一体化进程。2010 年，中央关于"三农问题"的中央一号文件把创建国家现代农业示范区写入文件中，指出要提高农业科技创新和推广能力，"切实把农业科技的重点放在良种培育上，加快农业生物育种创新和推广应用体系建设"。

为积极探索中国特色农业现代化道路，加快现代农业建设进程，农业部在全国范围内组织开展了国家现代农业示范区创建工作。按照《农业部关于创建国家现代农业示范区的意见》及《国家现代农业示范区认定管理办法》要求，在省级农业主管部门推荐和省级人民政府

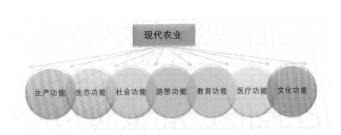

都市现代农业发展的多功能体系构建

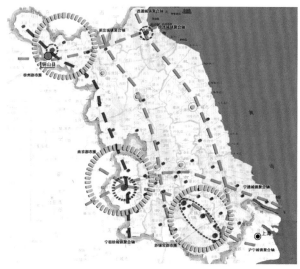

项目区位分析图

同意的基础上，经过严格评审和公示，农业部认定 51 个县（区、市、垦区）为第一批国家现代农业示范。51 个国家现代农业示范区幅员面积 20.5 万 km²，占国土面积 2.1%，耕地面积共 1.01 亿亩，占全国耕地总面积 5.5%，粮棉油糖、畜禽、水产和蔬菜等大宗农产品生产优势突出，现代农业发展均处于本省、区、市领先水平。

目前，国家农业部公布首批 51 家国家现代农业示范区名单，铜山县名列其中，正式命名为"江苏省铜山县国家现代农业示范区"。（注：铜山县作为全国五大商品蔬菜生产基地之一，2009 年江苏铜山县被中国果蔬产业品牌论坛授予"中国蔬菜之乡"荣誉称号。在江苏省 20 项农业经济单项冠军中，曾获得全省设施农业面积第一县，全省食用菌产量第一县和奶牛存栏第一县三个"单项冠军"。）

为加快江苏省铜山县国家现代农业示范区的建设与发展步伐，促进江苏省铜山县国家现代农业示范区的全面提升，构筑国际化的都市型现代农业发展示范区，受铜山县政府、农业局委托，国际都市农业基金会、中科地景规划设计机构等专家团队特制定江苏铜山县国家现代农业示

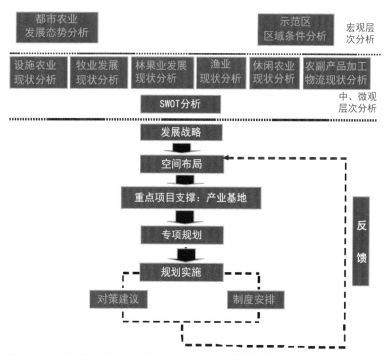

都市农业为主导的国家级现代农业示范区总体规划技术路线

范区总体规划（2010—2020）。规划范围核心区面积80km²，包括 4 个镇，涉及 17 万农业人口，外围辐射区规划重点项目面积 60km²。

在本次规划编制过程中专家组提出了以都市农业为主导的现代农业示范区规划理论与体系，为铜山县国家现代农业示范区可持续发展提供了着重于产业布局和产品开发升级，基地创建、培育，重点项目打造、整体品牌塑造等一整套规划与技术保障的全面解决方案。

3　规划指导思想

以生态文明建设为指导，以统筹城乡发展为目标，构建新型城镇化建设进程中的都市农业产业发展之路。以发展创新为主题，以建设"都市型现代化农业示范区"为主线，以"十大农业产业基地"为重点载体，形成一批特色鲜明、功能多样、市场竞争力强的特色农业产业基地，最大限度地挖掘农业内部增长潜力，大力推进示范区产业化发展。

4　规划总体定位

江苏省铜山县国家现代农业示范区总体规划以汉王镇、三堡镇、棠张镇、张集镇四个镇为核心，形成示范区的核心发展区，以核心发展区为龙头带动左右两翼拓展辐射区的发展。

从统筹城乡发展的思路出发，创建都市型现代农业示范区、国际都市农业示范区。示范区以"农业科技"为引领，以"基地带动"为发展战略，以"北有寿光南有铜山"为主题品牌，着力打造三堡四季草莓产业基地、三堡都市型现代农业示范基地、汉王月亮湾花卉种植产业基地、维维奶牛养殖与农产品加工基地、棠张有机果蔬产业基地、铜山都市型现代农业孵化基地、彭北外向型农业科技示范基

地、故黄河优质果品示范基地、微山湖休闲渔业度假基地、吕梁高效立体农业种养殖示范基地十大产业基地，形成一区两翼十大基地的总体发展格局。

5　规划总体布局

按照示范区创建要求和铜山县农业发展发育布局，以多元化基地创建和项目建设为目标构建"一区两翼十大产业基地"的总体发展格局。

5.1　一区

以汉王镇、三堡镇、棠张镇、张集镇四个镇为核心，规划建设示范区的核心发展区，以核心发展区为龙头带动东西两翼拓展辐射区的发展。核心发展区重点打造铜山都市型现代农业孵化基地、三堡四季草莓产业基地、三堡都市型现代农业示范基地、汉王月亮湾花卉种植产业基地、维维奶牛养殖与农产品加工基地、棠张有机果蔬产业基地六大产业基地。

5.2　两翼

示范区的东西两翼，东翼打造微山湖休闲渔业度假基地、吕梁高效立体农业种养殖示范基地两大产业基地，西翼打造彭北外向型农业科技示范基地、故黄河优质果品示范基地两大产业基地。

5.3　十大产业基地

形成三堡四季草莓产业基地、三堡都市型现代农业示范基地、汉王月亮湾花卉种植产业基地、维维奶牛养殖与农产品加工基地、棠张有机果蔬产业基地、铜山都市型现代农业孵化基地、彭北外向型农业科技示范基地、故黄河优质果品示范基地、微山湖休闲渔业度假基地、吕梁高效立体农业种养殖示范基地十大产业基地。

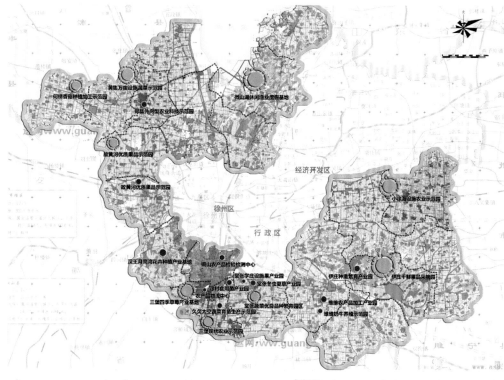

规划总平面图

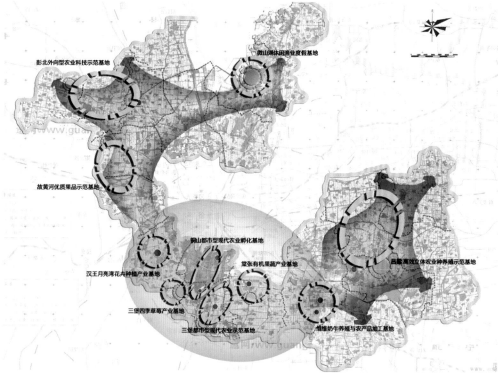

规划总体布局图

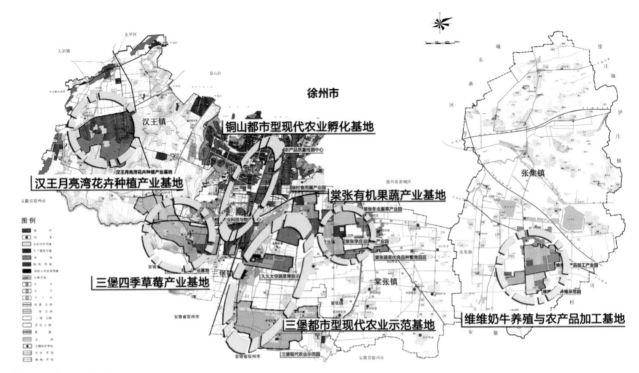

核心区重点项目布局图

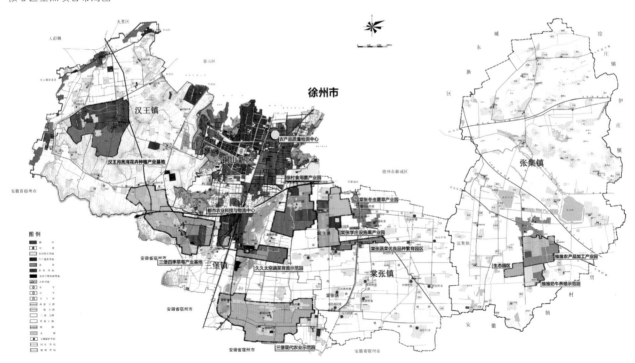

核心区规划总平面图

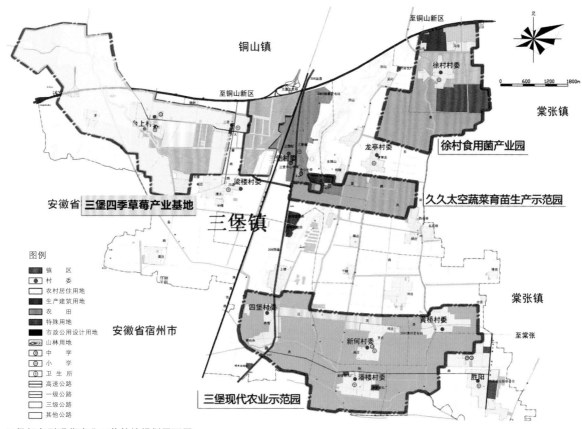

三堡都市型现代农业示范基地规划平面图

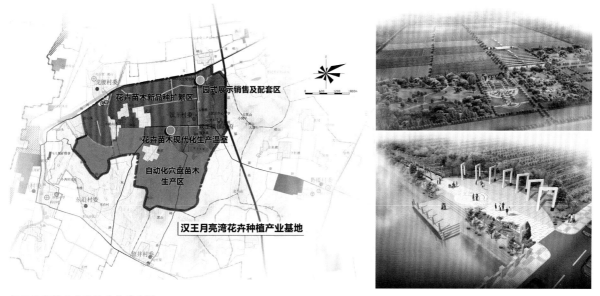

汉王月亮湾花卉种植产业意向图

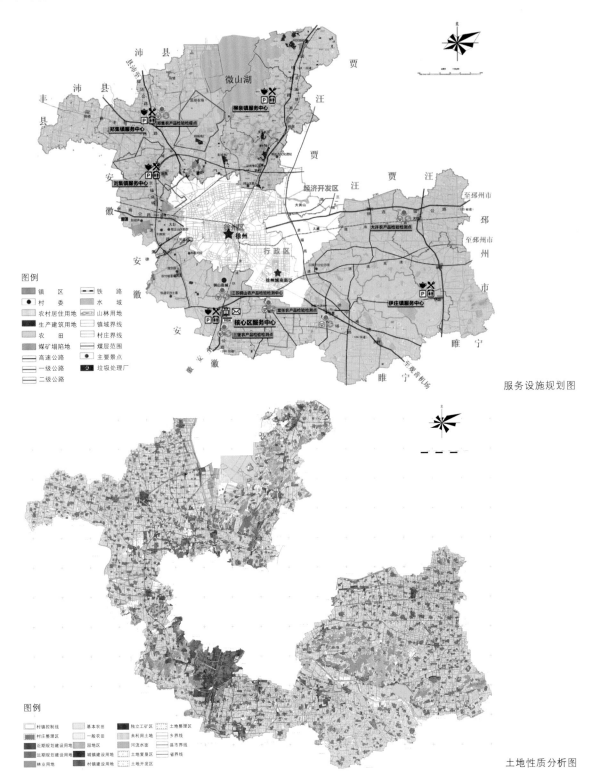

图例
镇　区　　　　铁　路
村　委　　　　水　域
农村居住用地　山林用地
生产建筑用地　镇域界线
农　田　　　　村庄界线
煤矿塌陷地　　煤层范围
高速公路　　　主要景点
一级公路　　　垃圾处理厂
二级公路

服务设施规划图

图例
村镇控制线　　基本农田　　独立工矿区　　土地整理区
村庄整理区　　一般农田　　未利用土地　　乡界线
近期规划建设用地　园地区　　河流水面　　县市界线
远期规划建设用地　城镇建设用地　土地复垦区　省界线
林业用地　　　村镇建设用地　土地开发区

土地性质分析图

6 项目布局与产品体系建设

江苏省铜山县国家现代农业示范区项目布局与产品建设见下表：

都市农业为主导的铜山国家现代农业示范区项目布局与产品建设

总体布局	重点支撑项目（十大基地）	功能定位	建设目标	子项目体系构建
一区（核心发展区）	铜山都市型现代农业孵化基地	农业博览、农业科技研发、孵化、技术贸易、展示、教育培训、物流、仓储、包装加工	构筑农业公共技术服务平台，将基地办成高新技术的示范基地、定向研究的研发基地、成果孵化的产业基地、农科人才的培训基地、物流集散的基地	农业示范区管理委员会 现代农业孵化中心 农产品质量安全检测中心 农产品物流集散中心 中国铜山农业产品博览会
	三堡四季草莓产业基地	草莓生产和加工、采摘、科普、休闲观光、文化创意	按照突出科技、弘扬生态、服从观光等分区原则，形成以草莓为主题的集生产、销售、科技示范、休闲观光采摘等为一体的综合性产业基地	四季草莓生产园 草莓科技展示区 农业休闲观光园 四季草莓采摘园 滨河休闲长廊
	三堡都市型现代农业示范基地	太空蔬菜研发、繁育种苗、试验示范、农业观光、推广种植、生产加工、设施农业高新技术展示、食用菌生产销售	建设具有特色的"精品"和"亮点"，着力培植在全省乃至全国有影响的都市型现代农业示范基地，通过示范基地科技服务，推动区域现代农业健康、快速发展	久久太空蔬菜育苗生产示范园 农业博览园 三堡现代农业示范园 徐村食用菌产业园
	汉王月亮湾花卉种植产业基地	花卉优良品种繁育、推广种植、鲜切花生产、花卉节庆节事、旅游观光	充分借鉴和吸收外地现代农业发展经验，按照铜山县相关农业总体规划，因地制宜，以点带面，超前性开发、培育自身优势花卉苗木产品，并形成产业链，做大做强花卉苗木产业	花卉苗木现代化生产温室 花卉苗木新品种推广示范园 自动化穴盘苗木生产园 园式展示销售及配套服务设施
	维维奶牛养殖与农产品加工基地	农产品加工、豆奶粉生产、研发、物流、奶牛养殖	完善维维农产品加工产业园和维维奶牛养殖示范园，完善生产、加工、销售环节，形成优质的产业链条，并以此为基础开展工农业旅游项目	维维农产品加工产业园 维维奶牛养殖示范园
	棠张有机果蔬产业基地	蔬菜优良品种繁育、试验示范、推广种植、虫草加工、设施果生产、农业旅游、观光采摘	建设开发培育名、新、特果品和蔬菜，有机果蔬产业精品项目	棠张学庄设施果产业园 棠张冬虫夏草产业园 棠张蔬菜商品苗繁育园区
两翼	彭北外向型农业科技示范基地	生产、加工、保鲜、贮藏、销售、科技示范	建设集生产、加工、销售为一体的外向型农业科技示范基地	何桥香菇种植加工示范园 黄集万亩设施蔬菜示范园 郑集外向型农业科技示范园

总体布局	重点支撑项目（十大基地）	功能定位	建设目标	子项目体系构建
两翼	故黄河优质果品示范基地	优质果品生产、加工、采摘、旅游观光、果品贮藏、销售	建设集生产、加工、观光采摘、农产品物流为一体的优质果品示范基地	优质果品生产示范园
				优质果品采摘园
				综合服务园区
	微山湖休闲渔业度假基地	特种动物养殖、特种水产养殖、民俗旅游、商务休闲、特色餐饮、生态观光农业、大型水产品保鲜储运	大力发展特色渔业和文化创意产业，将项目区打造成集特色渔业休闲垂钓、休闲度假文化体验、节事活动等功能于一体的吃、住、行、游、购、娱等要素齐全的旅游目的地	中华绒螯蟹养殖园
				特种动物养殖园
				特种水产养殖园
				人鱼同乐园
				湖上人家休闲鱼庄
	吕梁高效立体农业种养殖示范基地	优质果品生产、种养殖、民俗旅游、乡村旅游、旅游观光	以吕梁风景区4A级国家景区创建为契机，打造高效立体农业种养殖示范基地	吕梁干鲜果品采摘园
				吕梁葡萄庄园
				十里杏花村
				吕梁种禽繁育产业园
				小徐海设施农业示范园

7 重点建设项目

7.1 都市型现代农业孵化基地

7.1.1 项目概况

位于三堡镇，规划面积3500亩，总投资7.2亿元。

7.1.2 功能定位

农业博览、农业科技研发、孵化、技术贸易、展示、教育培训、物流、仓储、包装加工。

7.1.3 建设目标

作为农业大县，近年来，铜山县农业生物技术突飞猛进，但产业化严重滞后，农业科技的研发、孵化、展示培训基地缺口很大。规划依托农广校教育科研资源优势、区位优势、交通优势，构筑农业公共技术服务平台；加快建设，将基地办成高新技术的示范基地、定向研究的研发基地、成果孵化的产业基地、农科人才的培训基地、物流集散的基地。

7.1.4 建设投资

阶段	建设重点	分期投资	总投资
一期	农产品集散中心、农产品检验检测中心、农产品质量专业检验检测点	5.45亿元	7.45亿元
二期	都市农业科技孵化中心	2亿元	

7.2 三堡四季草莓产业基地

7.2.1 项目概况

该基地位于三堡镇台上村，规划总面积$6.67km^2$（10000亩），总投资3亿元。

7.2.2 功能定位

草莓生产和加工，采摘、科普、休闲观光、文化创意。

7.2.3 建设目标

根据观光生态园区的建设与发展定位，按照突出科技、弘扬生态、服从观光等分区原则，将整个基地划分为草莓生产区和核心采摘区，建设四季草莓生产园、农业休闲观光园、四季草莓采摘园、滨河休闲长廊等项目，形成以草莓为主题的集生产、销售、科技示范、休闲观光采摘等为一体的综合性产业基地。

7.2.4 建设投资

阶段	建设重点	分期投资	总投资
一期	完善草莓生产园建设、四季草莓实验田建设、完善采摘园配套、建立草莓科技展示厅和栽培展示园	2亿元	3亿元
二期	市民农园、滨河休闲景观带	1亿元	

7.3 三堡都市型现代农业示范基地

7.3.1 项目概况

该基地位于三堡镇，包括现有三堡镇至棠张镇三棠路两侧的久久农业示范园和龙亭日光温室蔬菜基地、三堡镇徐村至三棠路北区域，总面积16km²（24000亩），总投资11.2亿元。

7.3.2 功能定位

太空蔬菜研发、繁育种苗、试验示范、农业观光、推广种植、生产加工、设施农业高新技术展示、高标准日光温室蔬菜生产、食用菌生产销售。

7.3.3 建设目标

建设久久太空蔬菜育苗生产示范园、龙亭日光温室蔬菜园、三堡现代农业示范园、徐村食用菌产业园，积极引进推广高、精、尖农业技术，开发培育名、新、特农产品，提高传统蔬菜作物的品质，增强铜山蔬菜产业发展后续力，打造具有铜山特色的"精品"和"亮点"，着力培植在全省乃至全国有影响的都市型现代农业示范基地，通过示范基地科技服务，推动区域现代农业健康、快速发展。

7.3.4 建设投资

阶段	建设重点	分期投资	总投资
一期	农业博览园、久久太空蔬菜育苗生产示范园、三堡现代农业示范园、徐村食用菌产业园	9.2亿元	11.2亿元
二期	食用菌深加工厂、园艺产品加工储运	2亿元	

7.4 棠张有机果蔬产业基地

7.4.1 项目概况

该基地位于棠张镇，总规划面积7.6km²（11300亩），总投资3.85亿元。

7.4.2 功能定位

蔬菜优良品种繁育、试验示范、推广种植、虫草加工、设施果生产、农业旅游、观光采摘。

7.4.3 建设目标

建设棠张学庄设施果产业园、棠张冬虫夏草产业园、棠张蔬菜商品苗繁育园区，开发培育名、新、特果品和蔬菜，有机果蔬产业精品项目。

7.4.4 建设投资

阶段	建设重点	分期投资	总投资
一期	学庄设施果产业园、棠张冬虫夏草产业园	3.5亿元	3.85亿元
二期	棠张蔬菜商品苗繁育园区	0.35亿元	

7.5 汉王月亮湾花卉种植产业基地

7.5.1 项目概况

基地位于铜山县汉王镇汉王村等，距离市区3km²。项目所在地东侧是十里葡萄长廊、千亩桃园，东北部是珍贵果木成片林。项目规划面积4km²（6000余亩），总投资1.2亿元。

7.5.2 功能定位

花卉优良品种繁育、推广种植、鲜切花生产、花卉节庆节事、旅游观光。

7.5.3 建设目标

规划以示范区为平台，充分借鉴和吸收外地现代农业发展经验，按照铜山县相关农业总体规划，因地制宜、以点带面，超前性开发、培育自身优势花卉苗木产品，并形成产业链，做大做强花卉苗木产业。

7.5.4 建设投资

阶段	建设重点	分期投资	总投资
一期	花卉苗木现代化生产温室、花卉苗木新品种扩繁区、展示销售及配套区	0.8 亿元	1.2 亿元
二期	自动化穴盘苗木生产区	0.4 亿元	

7.6　维维奶牛养殖与农产品加工基地

7.6.1 项目概况

该基地位于张集镇，总规划区面积 2.67km² (4000亩)，总投资 18 亿元。

7.6.2 功能定位

农产品加工、豆奶粉生产、研发、物流、奶牛养殖。

7.6.3 建设目标

完善维维农产品加工产业园和维维奶牛养殖示范园，完善生产、加工、销售环节，形成优质的产业链条，并以此为基础开展工农业旅游项目。

7.6.4 建设投资

阶段	建设重点	分期投资	总投资
一期	维维养殖基地，进口牛大型隔离场，2 个养殖牧场，1 个奶牛小区，大型沼气工程	12 亿元	18 亿元
二期	新工业基地，2 个养殖牧场，1 个奶牛小区	6 亿元	

7.7　彭北外向型农业科技示范基地

7.7.1 项目概况

该基地位于铜山县西北部的何桥镇、刘集镇、大彭镇、黄集镇，总面积 28.67km² (43000亩)，总投资 14 亿元。

7.7.2 功能定位

生产、加工、保鲜、贮藏、销售、科技示范。

7.7.3 建设目标

建设何桥香菇种植加工示范园、黄集万亩设施蔬菜示范园、郑集外向型农业科技示范园，打造集生产、加工、销售为一体的外向型农业科技示范基地。

7.7.4 建设投资

阶段	建设重点	分期投资	总投资
一期	何桥香菇种植加工示范园、黄集万亩设施蔬菜示范园、郑集外向型农业科技示范园	8 亿元	14 亿元
二期	三大园区辐射拓展项目建设	6 亿元	

7.8　铜山优质粮食产业基地

7.8.1 项目概况

县区北部至东部，涉及 13 个镇，2 个农场，总耕地面积 78 万亩。2009 年该区域粮食作物播种面积 134.0 万亩，占全县当年粮食作物播种面积的 77%，其中：小麦 67.4 万亩，占全县面积的 66%；水稻 43.3 万亩，占全县的 76.2%；玉米 16.8 万亩，占全县的 52%。总投资 3 亿元。

7.8.2 功能定位

粮食生产、加工、销售、农田观光。

7.8.3 建设目标

按照"农田标准化、布局区域化、种植规模化、品种优良化、操作机械化、服务社会化"的要求，加大投入、集中开发建设优质粮食生产区，打造集生产、加工、观光、农产品物流为一体的优质粮食产业生产示范基地。

7.8.4 建设投资

阶段	建设重点	分期投资	总投资
一期	品种替代改良工程、高产稳产标准化粮田建设、粮田土壤肥力提升工程、重大技术增粮示范工程	8 亿元	12 亿元
二期	新型农业社会化服务体系建设工程、粮食产品加工转化工程	4 亿元	

7.9　吕梁高效立体农业种养殖示范基地

7.9.1 项目概况

基地位于铜山县伊庄镇、大许镇，规划总面积 47.2km² (70800亩)，总投资 10.62 亿元。

7.9.2 功能定位

优质果品生产、种养殖、民俗旅游、乡村旅游、旅游观光。

7.9.3 建设目标

以吕梁风景区 4A 级国家景区创建为契机，建设吕梁干鲜果品采摘园、十里杏花村、吕梁种禽繁育产业园、小徐海设施示范园，打造高效立体农业种养殖示范基地。

7.9.4 建设投资

阶段	建设重点	分期投资	总投资
一期	吕梁干鲜果品采摘园、小徐海设施示范园（3000 亩）、葡萄酒文化庄园	5 亿元	10.62 亿元
二期	乡土植物园、野生动物园、吕梁种禽繁育产业园、十里杏花村、小徐海设施示范园（2000 亩）、水库风景区、葡萄酒厂	5.62 亿元	

7.10 微山湖休闲渔业度假基地

7.10.1 项目概况

基地位于铜山县利国、柳泉、柳新、马坡 4 个乡镇，

总体规划面积 66.7km² (100000 亩)，总投资 12 亿元。

7.10.2 功能定位

特种动物养殖、特种水产养殖、民俗旅游、商务休闲、特色餐饮、生态观光农业、大型水产品保鲜储运。

7.10.3 建设目标

大力发展特色渔业和文化创意产业，将项目区打造成集特色渔业休闲垂钓、休闲度假文化体验、节事活动等功能于一体的吃、住、行、游、购、娱等要素齐全的旅游目的地。

7.10.4 建设投资

阶段	建设重点	分期投资	总投资
一期	微山湖特色水产品产业园（20000 亩）、中华绒螯蟹养殖园、生态农业观光区	5 亿元	12 亿元
二期	乡土植物园、特种动物养殖园、特色产品加工与餐饮一条街、湖上人家休闲鱼庄	7 亿元	

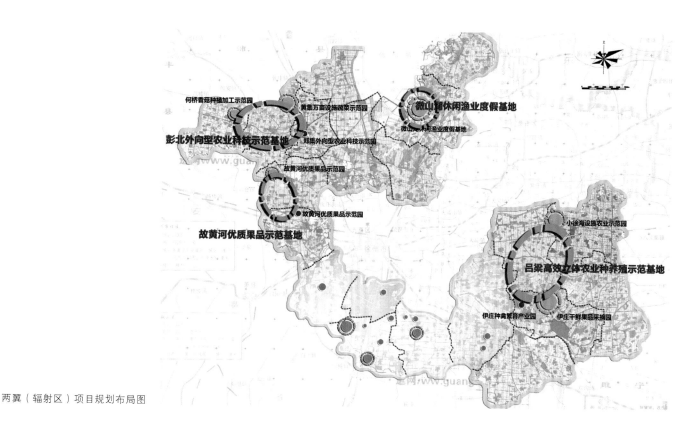

两翼（辐射区）项目规划布局图

故黄河优质果品示范基地规划平面图

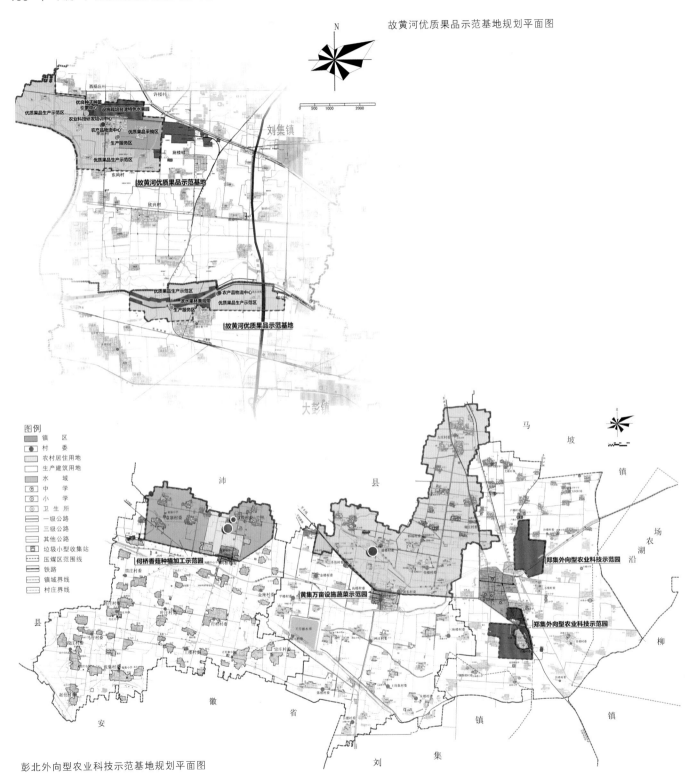

彭北外向型农业科技示范基地规划平面图

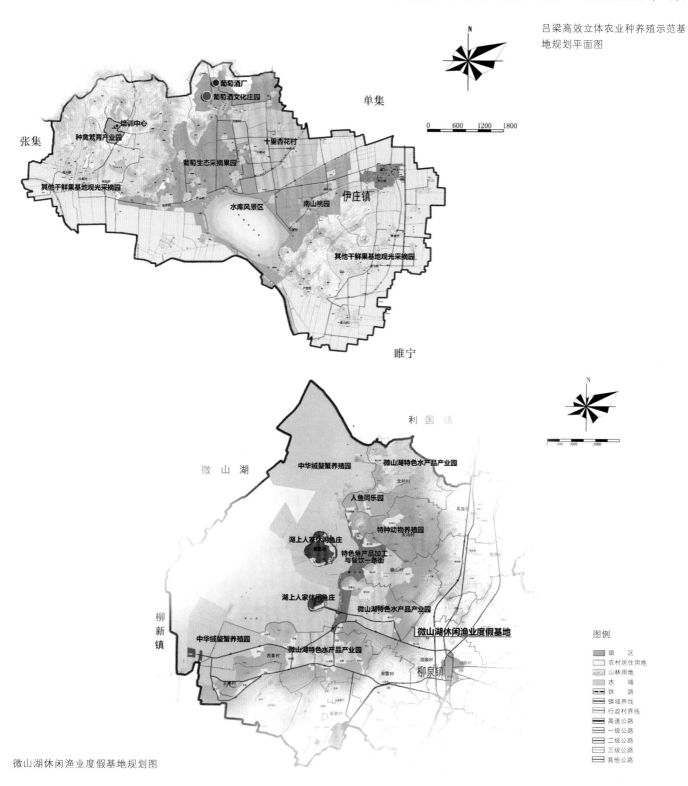

吕梁高效立体农业种养殖示范基地规划平面图

微山湖休闲渔业度假基地规划图

休闲旅游为主导的区域发展规划
——河北迁安北部长城风景旅游区案例

1 迁安旅游发展态势分析

京、津、唐、秦、承五地城乡居民给迁安的旅游发展奠定了坚实的客源市场基础，本区域社会经济雄厚，私人汽车拥有量高，成为国内自驾车旅游重要的市场，为小假日及周末环城游憩提供了极大的方便。同时，京津唐地区企事业单位众多，商务会议、奖励旅游、企事业团队旅游、社会群体旅游具有极大的市场开发价值。

在京津冀旅游体系中，迁安所在的京东地区更是重要的旅游板块，主要包括北京、天津、承德、唐山及秦皇岛五大城市。随着道路交通的网络化、高速化进展，京东地区旅游一体化趋势更加明朗，各种旅游合作模式被深化推广，旅游线路日益丰富。在唐山这个特殊的旅游板块中，迁安市由于开发程度较低、促销力度较小，目前还处于相对次要的地位；但迁安发挥后发优势，依托长城文化、黄台湖景观及城市风貌，正以崭新的面貌成为唐山旅游体系中的活跃元素和新兴明珠。在迁安积极探索旅游发展道路之际，迁安及其周边地区正在发生着天翻地覆的变化，如环渤海经济崛起、京津唐旅游一体化合作以及高度统一的旅游发展共识、休闲度假旅游市场的快速发展和迁安"后工业社会"的转型都为迁安旅游及其发展创造了历史机遇。

目前，在空间上，迁安旅游资源呈现"大分散、小集聚"的特点，已形成中心城市旅游板块、北部长城旅游板块、西部生态旅游板块三大板块。

迁安市北部长城风景旅游区重要关口一览表

重要关口	资源现状	史料记载	开发现状
白羊关	白羊峪关，西北山势蜿蜒，关口修筑其间。有白羊河由北向南流入关内。白羊峪关东南为水灵寺山，山腰有一泉。长城过白羊峪关口向西北，第七座敌楼为"神威楼"	据《永平府志》载：关城为石筑，城高一丈四尺，周三百一十四丈三尺，东、南各有一门	白羊峪村 2007 年人均生活水平达到 5878 元，旅游业成为该村的主导产业，白羊峪长城旅游区达到 2A 级景区标准，是河北省乡村旅游发展示范村，唐山科学发展示范村
红峪口	长城由神威楼至红峪口段，大部为石砌城墙，坍圮较重。有少部分砖砌城墙较为坚固，保存较好。在靠近红峪口有几段城墙，垛口皆存。长城过红峪口后，止于将军帽山东侧，进入迁西境		已开发红峪山庄景区
冷口关 - 河流口	关口东西山势低平，关内外道路平坦开阔。迁安至青龙的公路由冷口通过。冷口关城随山势修建。冷口关"错城"长城分别随山势向西和西北方向延伸，其中向西北方向延伸的长城转弯后，又与向西延伸的长城合起来围成一个圈。目前这段"怪"长城已引起专家们的重视	据《永平府志》载：关城为砖筑，高二丈九尺，周三百八十七丈有奇，东、南各有一门	资源环境保护良好，目前无旅游项目开发
徐流口	关口两侧山坡较平缓，关口建筑已毁。徐流口村北长城的垛墙上，完好地镶着一块长 1m，宽 0.8m 的石碑，因风化仅可辨认出"万历三十五年（公元 1607 年）岁次丁未孟冬吉旦立"等字	据《永平府志》载：关内有城堡，高丈七尺，城周二百二十四丈有奇。东、南各有一门	徐流口村乡村旅游开发初具规模，有若干农家乐、休闲垂钓园经营

红峪口　　　　　白羊关　　　　　冷口关　　　河流口　　徐流口

迁安市北部长城景观意向

2　规划范围界定

本次规划，根据旅游资源分布、行政区划与管辖、交通条件、迁安市旅游发展战略等，确定规划的地理范围为迁安市北部五重安乡、大崔庄镇、建昌营镇、杨各庄镇4个乡镇内的长城沿线区域，本次规划的迁安市北部长城风景旅游区四至范围：东至迁安市与青龙县交界处，西至迁安市与迁西县交界处，南至迁安市境内三抚公路，北至迁安市与青龙县交界处。总面积200余平方公里。

迁安长城秋景

白羊关景观

红峪口—红峪山庄景区

河流口村与错长城景观

河流口村与错长城景观

冷口长城景观

河北迁安徐流口长城

徐流口新农村

3 优势与劣势

3.1 优势

3.1.1 区位优势明显

迁安地处北京、天津、唐山、秦皇岛和承德五大城市中心腹地，距离不超过 200km，隶属 3 小时经济圈范围，只要旅游开发得当，特色突出，市场前景非常乐观，有潜力撬动近距离 1.2 亿人口的潜在市场（五城市 4000 万人口和 8000 万流动人口）。依托优越的区位交通优势，迁安市北部长城风景旅游区可融入京津唐旅游大板块，并成为北京—秦皇岛旅游黄金轴线、天津—承德旅游黄金轴线上的重要节点。如果迁安市北部长城风景旅游区资源开发得力，区域旅游协作加强，可分流周边大部分游客，扩大机会市场份额，成为长城旅游体系的一颗新兴"明珠"。

3.1.2 后发优势强劲

迁安市北部长城风景旅游区发展处于起步阶段，资源破坏及环境污染程度较轻。主要旅游产品尚未定型，只要把握好方向，采取高效的措施，顺应旅游市场需求，可实现旅游的跨越式发展。

3.1.3 经济优势夯实

迁安是华北地区重要的工业经济重县（市），在第七届全国县域经济基本竞争力百强县（市）评比中位居第 27 位。2007 年全市实现地区生产总值 401.6 亿元，全部财政收入 55.02 亿元，地方财政收入 23.91 亿元，农民人均纯收入 7006 元，城镇居民可支配收入 14056 元，全市有 9 个镇乡财政收入达到亿元以上。先后荣获了国家卫生城市、国家园林城市、国家级生态示范区、全国绿化模范县（市）、河北省环保模范城市、河北省园林城市等荣誉称号。迁安蓬勃发展的社会经济为其旅游产业快速、稳定、持续发展奠定了雄厚的基础。

3.1.4 资源优势突出

世界文化遗产长城在唐山迁安境内蜿蜒 45km，其中唯一一段 1.5km 长的大理石长城，堪称长城绝景。原有敌楼约 160 座，其中保存较好的 44 座，圮残的 71 座，仅存基座或残址的 44 座。长城沿线境内已具备开发价值的旅游资源达 20 余处，主要地段自东向西有：徐流口、河流口、冷口、大龙王庙、白羊峪、马井子和红峪口。

3.2 劣势

虽然迁安是京津冀长城旅游文化线上的重要节点，尤其白羊峪大理石长城具有一定的特色，但与长城开发相对成熟的景区（八达岭、慕田峪、司马台、山海关、黄崖关等）相比较，迁安长城起步晚，距离客源市场远，不具有明显的市场竞争优势。

3.2.1 工业环境影响旅游发展

受采矿业、钢铁业、造纸业的直接影响，迁安大气环境、水体环境及景观环境都遭受一定程度的破坏，严重影响了对环境质量要求高的旅游产业的发展。首先，工业废水、生活污水及尾矿排水给滦河水体造成威胁，造成河道淤积、水质下降；其次，钢铁产业的废气排放、采矿活动的扬尘等在小盆地中不易散开，造成大气质量下降；另外，工业废渣、尾矿及矿渣的堆放，采矿工作面等都对景观造成破坏，成为旅游环境中的"痼疾"。

3.2.2 长城遗产限制活动开发

围绕长城遗产本身展开的活动和项目设置受到长城本身的特点限制，空间与项目有限，要进行北部长城风景旅游区的整体开发，必须另辟蹊径，另外开辟游览空间。

3.2.3 知名品牌屏蔽作用显著

迁安所在的京津唐地区是中国高品质旅游资源分布最为密集的地区之一，虽然面对着拥有 1.2 亿人口的庞大旅游市场，但也处于众多旅游区的团团包围之中，与大家面对着共同的客源市场，而周围的许多旅游区依托国家级和世界级旅游资源已经形成了一定的品牌知名度和旅游接待规模，还有很多景区、景点正在开发，使迁安旅游面临的竞争形势日趋严峻。长城已开发旅游的段落很多，在北京有多处，天津、河北也很多，由于八达岭长城、山海关长城在国内外市场上有较高的知名度，因此，新开发的长城对大众的吸引力不是很大。休闲度假旅游产品对环境背景要求较高，而长城与湖泊、河流、山地、草原等休闲旅游开发相比不具备什么优势。

3.2.4 分散式开发不利于品牌形成

迁安北部长城一直以来采用的是以乡镇为主的分散式开发方式，开发层次非常低，游客活动空间局限性很大，不仅难以推出迁安长城旅游品牌，而且造成非常大的破坏。转变开发方式已经成为迁安市旅游发展的当务之急。

4　总体开发战略研判

4.1　文化遗产保护与利用的可持续发展战略

贯彻世界文化遗产公约，以保护长城世界文化遗产为重要前提和第一战略，在此基础上进行科学策划、项目创意和开发建设。同时，保护迁安市北部长城风景旅游区旅游发展的生态可持续、社会文化可持续和经济发展可持续。坚持"严格保护、统一管理、适量发展、永续利用"的工作方针，协调处理好开发利用与合理保护的关系，达到迁安市北部长城风景旅游区旅游环境效益、社会效益和经济效益的统一。

4.2　国际化精品开发战略

以世界文化遗产长城为依托，以塑造迁安国际名片、国内窗口为战略方向，策划、开发建设国际化的精品旅游项目。同时，深度挖掘迁安市北部长城风景旅游区沿线历史文化遗产、遗迹，整体策划、统一筹划、整体开发、建设精品，全力推进品牌形象建设。

4.3　分段开发与弹性发展战略

分段开发长城沿线旅游资源，逐步形成"一轴一核五区"的综合性长城旅游区。

4.4　文化休闲与度假开发战略

避开观光旅游的传统开发模式，以休闲度假引领旅游产品的开发，实现良性的市场导向下的文化休闲与度假开发战略。

4.5　区域旅游竞合战略

发挥迁安"后发优势"，融入京津唐旅游体系中，错位发展，做大做强做深迁安市北部长城风景旅游区。

首先，以内部"一盘棋"奠定合作基础，与中心城区、西部生态区一起，成为支撑迁安"世界文化与旅游名城"的三极中的龙头与重要一极。同时，依托迁安旅游资源的空间发育格局及道路交通关系，立足差异化开发思路，建立特色鲜明、优势互补、联动发展的格局，最大可能消除内部竞争消耗，合力打造"迁安沧桑长城休闲新天地"。

其次，积极与周边成熟品牌合作，以大胸襟、大气度、大视野设计迁安市北部长城风景旅游区的旅游发展空间战略。利用京津唐旅游板块协作发展机制，实现资源共享、市场互动的良好合作局面，从而依托周边优势资源和成熟的市场带动迁安市北部长城风景旅游区旅游跨越式发展。

5　规划总体定位

规划总体定位为：沧桑古长城，休闲新天地。

沧桑古长城：长城是珍贵的世界历史文化遗产，在迁安境内除白羊峪按历史原样修复一段大理石长城之外，其他段长城基本保持沧桑古老的面貌，供游客凭吊怀古之用，是北部长城旅游区的灵魂。

休闲新天地：中国已经进入休闲度假的新时代，结合迁安处在京津环城游憩带上，加之八达岭已经达到长城开发观光旅游的顶级地位，迁安北部长城风景旅游区必须以长城为背景，发展新型休闲度假旅游。彻底改变"走马观长城"的旅游开发方式，营造"长城新的生活方式"，深度体验长城，将迁安市北部长城风景旅游区打造成国家5A级旅游景区，"京津唐秦承"等城市的大型休闲产业基地，世界著名的遗产型旅游胜地。使迁安长城成为"京津唐秦承"旅游圈的"休闲新天地"。

6　规划空间布局与功能分区

6.1　规划空间布局

按照国家重点风景名胜区的要求，划分保护区和开发利用区。基于旅游资源发育格局，以"沧桑古长城，休闲新天地"为主题,以多元化旅游产品为目标构建"一轴一核五区"空间体系。

一轴:景观轴、长城旅游公路轴、长城遗址轴等三轴合一的发展轴线。

一核:建昌营中心旅游镇结合沙河滨河休闲度假带以及冷口关构成核心,成为集长城主题文化体验、休闲度假为一体的中央游憩核。

五区:分别以长城为背景,形成红峪口长城康体养生区、白羊峪科学发展示范村旅游区、五重安民兵训练基地、建昌营冷口长城旅游度假区、徐流口休闲渔业度假基地。

6.2 功能区块说明

迁安市北部长城风景旅游区整个区域的旅游开发均应围绕长城文化资源的利用而进行,开发中力求突出长城主题。在长城的大主题下对迁安长城沿线的不同景区进行差异化开发,使各个景区既各有特色,又有机结合,共同形成具有影响力的迁安长城旅游品牌,即全面树立"沧桑古长城,休闲新天地"的品牌形象。

6.2.1 以白羊峪、白羊河为核心,打造长城科学发展示范村

白羊峪以万里独一的大理石长城,丰富多彩的冀东民俗,环境清幽的峡谷景观格局,具有地方吸引力的寺庙景观以及可以组合开发的观光农业旅游资源为特色。景区目前已经有一定的旅游开发基础,但仍面临一些困难:定位不准,形象模糊;产品不成体系,功能单一;景区难以封闭;旅游经营处于粗放型状态;管理水平有待提高,环境保护不利;景观山体整体绿化困难;建筑风格难以统一;……

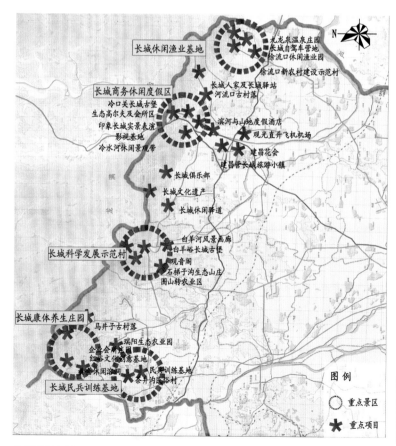

规划空间布局

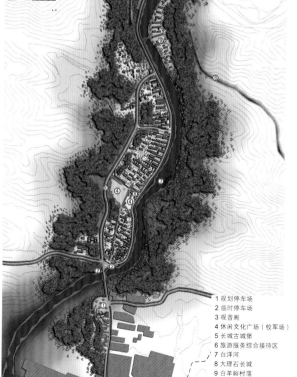

1 规划停车场
2 临时停车场
3 观音阁
4 休闲文化广场(校军场)
5 长城古城堡
6 旅游服务综合接待区
7 白洋河
8 大理石长城
9 白羊峪村落
10 规划山区三级道路

白羊峪科学发展示范村规划平面图

住宅改造平面一

1 农家旅馆
2 储藏室
3 独立卫生间
4 沼气池位置（地埋）
5 农民自用住宅
6 太阳能集热器屋顶架设位置

住宅改造平面三

1 农家旅馆
2 储藏室
3 独立卫生间
4 沼气池位置（地埋）
5 农民自用住宅
6 太阳能集热器屋顶架设位置

1 农家旅馆
2 储藏室
3 独立卫生间
4 沼气池位置（地埋）
5 农民自用住宅
6 太阳能集热器屋顶架设位置

住宅改造平面二

1 农家旅馆
2 储藏室
3 独立卫生间
4 沼气池位置（地埋）
5 农民自用住宅
6 太阳能集热器屋顶架设位置

住宅改造平面四

白羊峪农村住宅改造

　　规划建设以邓小平理论和"三个代表"重要思想为指导，牢固树立和全面落实科学发展观，坚持以人为本，努力促进白羊峪旅游专业村全面、协调、可持续的发展，促进全村经济社会和农民的全面发展，实现全面建设小康社会的目标。在大规模整治的基础上，以长城文化观光为基础，以民俗文化和长城文化体验为特色，依托优势旅游资源，加强旅游基础设施建设，改善旅游环境，提升旅游服务质量，加强旅游市场管理，增强旅游吸引力，实现由民俗餐饮接待村向休闲度假旅游村的转变，最终成为迁安乃至河北著名的社会主义旅游新农村。

　　6.2.2 以五重安、茶井沟为核心，打造民兵训练基地
　　本次规划的项目区位于迁安市北部的五重安乡，连接迁安市区与北部长城旅游区的红峪山庄景区的迁擂公路延长线从项目区穿行而过。五重安民兵训练基地建设和运营以市场为导向，以军事旅游为出发点，在加强民兵训练的同时导入旅游项目如军事训练，展开学生军训、游客模拟军事训练等项目。通过民兵训练基地、匹特搏基地、拓展训练营、攀岩场、军事旅游度假村、茶井沟民俗旅游村等重点项目的打造，提高民兵基地设施的资源利用率，丰富当地旅游产业，带动当地旅游的发展。民兵训练基地旅游配套项目的规划建设可以与外围瑞阳生态农业观光园和野生动物园项目形成互动，各项目间进行优势互补，产生联动作用，从而带动该地区的旅游产业发展。

　　6.2.3 以红峪口、马井子为核心，打造长城康体养生区
　　红峪山庄建设具备一定的规模，马井子为尚未旅游开发的村落，自然环境好，该区以大理石长城为靠，以北方

溶洞为轴，以自然风景为托，构成优美画卷，既可欣赏北方溶洞之奇观，又可俯瞰长城内外，领略塞外风光。规划在红峪山庄原有开发基础上，通过山庄养生度假设施、生态养生游览设施、百药园、红峪口民俗村、马井子古村落、山体康体养生等项目打造，形成长城康体养生旅游区。

6.2.4 以冷口关、建昌营镇为核心，打造长城旅游度假区

冷口关是建昌营北部的长城关口，是京东险隘要塞之一，因地势复杂险要，因形就势筑有 12 座连环城堡。冷口沙河河水清澈，两岸山体围合，林地等自然景观保存较好，是一个相对独立而内部发展空间较大的区域。

基于本区域旅游资源保护条件，建议以冷口沙河为

轴线打造以长城为背景，通过建昌营旅游小城镇、影视基地、高尔夫球场、河流口长城古村落、生态湿地公园、新农村建设园区等重点项目的打造，塑造以"长城脚下的影视基地"为主题形象的高端旅游度假区。

6.2.5 以徐流口、九龙泉为核心，打造长城休闲渔业基地

该区由九龙泉水库、徐流口新农村建设示范村构成。九龙泉水库是迁安市可以开发利用的大型水域，地势平坦，视野开阔，同时拥有迁安市最好的温泉资源。徐流口村是迁安生态文明村，村内环境清洁，社区配套设施较丰富，以"自力更生，艰苦奋斗，自己动手建设美好家园"的徐流口精神闻名全国，经常有各地的游客前来考察。

白羊峪城堡鸟瞰

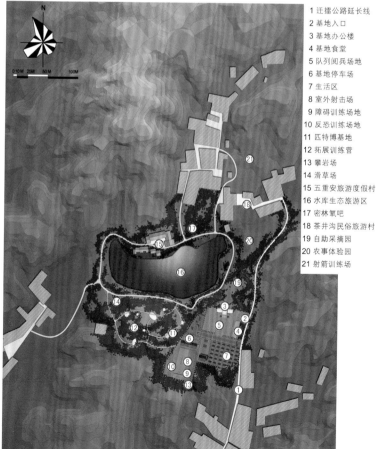

1 迁播公路延长线
2 基地入口
3 基地办公楼
4 基地食堂
5 队列阅兵场地
6 基地停车场
7 生活区
8 室外射击场
9 障碍训练场地
10 反恐训练场地
11 匹特博基地
12 拓展训练营
13 攀岩场
14 滑草场
15 五重安旅游度假村
16 水库生态旅游区
17 密林氧吧
18 茶井沟民俗旅游村
19 自助采摘园
20 农事体验园
21 射箭训练场

民兵训练基地规划平面图

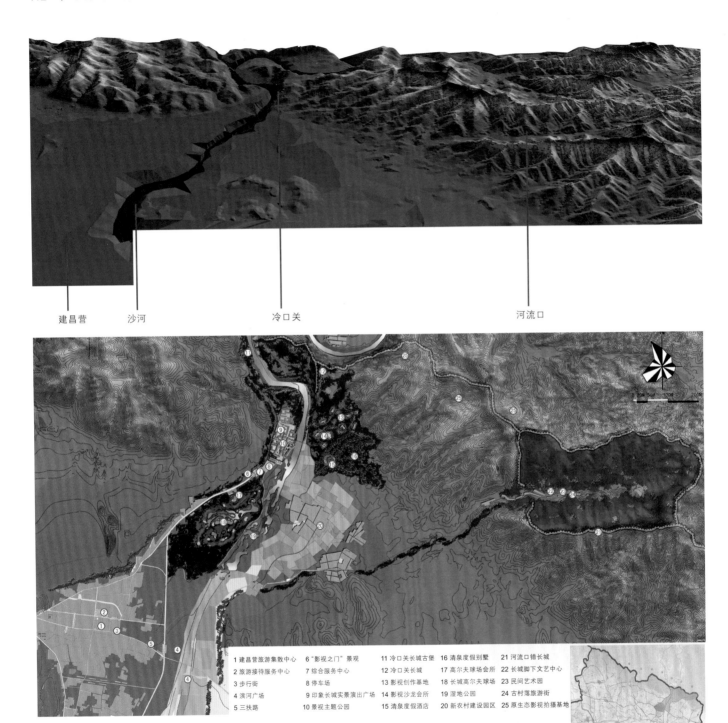

建昌营　　沙河　　　　　冷口关　　　　　　　　河流口

1 建昌营旅游集散中心	6 "影视之门" 景观	11 冷口关长城古堡
2 旅游接待服务中心	7 综合服务中心	12 冷口关长城
3 步行街	8 停车场	13 影视创作基地
4 滨河广场	9 印象长城实景演出广场	14 影视沙龙会所
5 三扶路	10 景视主题公园	15 清泉度假酒店

16 清泉度假别墅	21 河流口错长城
17 高尔夫球场会所	22 长城脚下文艺中心
18 长城高尔夫球场	23 民间艺术园
19 湿地公园	24 古村落旅游街
20 新农村建设园区	25 原生态影视拍摄基地

冷口关旅游度假区规划平面图

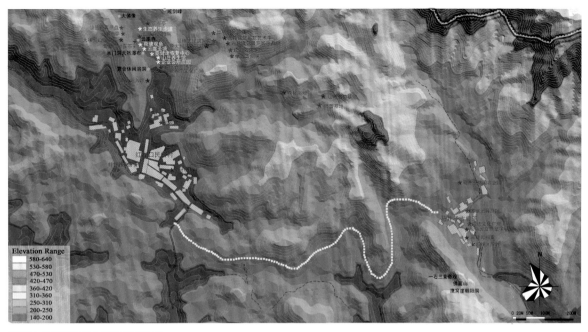

红峪口长城康体养生区规划平面图

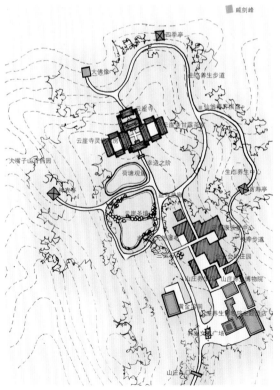

红峪山庄规划平面图

徐流口休闲渔业基地规划平面图

依托优越的生态环境，大面积的水域资源，温泉水资源、新农村建设成果以及良好的交通与区位条件，通过鱼文化产业园、休闲垂钓园、自驾车营地、徐流口新农村建设示范村等重点项目的打造，形成集渔业文化体验、温泉休闲度假与新农村建设示范为一身的休闲渔业基地。

7　环境景观与生态保护规划

环境景观与生态保护是项目区可持续发展的前提和基础，在项目区环境景观与生态系统规划中，主要考虑长城和历史文化资源的保护，山体植被保育，水资源保护，村容村貌环境景观提升，建筑景观风格控制等方面的协调处理问题。

7.1　长城和历史文化资源的保护

在长城的开发利用中要严格依据《长城保护条例》，遵循科学规划、原状保护的原则，加强对长城的保护，规范长城的开发利用。大量的长城遗迹，包括古长城、长城关隘等遗迹是区域内重要的旅游资源，要有计划地对长城有关的文物进行收集保护，逐步恢复和开发长城的旅游功能。

长城及卫城的保护与开发突出因地制宜、就地取材的原则。在重要区段、重要景点的长城开发中尽可能地开发出与当地文化和民风民俗相结合的旅游产品，在长城及卫城的保护维修中运用当地的材料规划设计景观设施。

7.2　山体植被景观保护

规划区内的山体和长城是整个旅游区的背景和依托，山体植被保育举足轻重。必须采取加强山体绿化树种选择，提升山体植物景观优美度，加强古树名木保护，加强林果资源的保护措施进行山体植被保育，促进项目区内生态旅游开发。

7.3　水环境保护

加强对规划区内水域的保护，严格控制污染源，优化水环境，对生态脆弱地区实行重点保护和专项治理。

结合小流域治理工程和生态治理工程，全面实施退耕还林、退坡还草等工程，做好规划区内的水土保持和植被保育工作。

水系景观营造充分利用原有地形的湿地（水塘、溪流）改造为生态湿地景观区，在不进行大量土方改造的前提下，恢复水体岸边的植被，改善水质。

保护和恢复沙河两岸池塘、河滩和河岸植被，河道整治减少水泥固化、渠化工程，保留河道的自然状态，采用生态与自然护坡护岸。规划区生活污水集中处理，采取生化处理和生态处理相结合的措施，形成水循环和净化体系。

7.4　生物多样性保护

对规划区空间布局、发展规模、功能分区、工农业生产力布局等生态环境适宜性进行分析，提出预防或减轻不良环境影响的对策措施等。

（1）加强天然林保护、封山育林、植树造林和预防森林火灾、防治病虫害等措施。

（2）加强规划区动植物栖息环境、流域状况的评估管理，在生物多样性丰富、水源涵养功能突出的区域应当禁止或限制开发。

（3）适宜开发的区域要统筹考虑地质、地震、环保、洪涝的影响，确定开发强度。

（4）建立生态灾害预警体系，对生态变化适时监测，对可能发生的生态灾害及时做出预警。

（5）采取生物措施、工程措施和生态农业等多种综合措施，把生态环境建设与项目开发紧密结合起来，处理好当前与长远、局部与全局的关系。

7.5　村容村貌环境景观营造

以当前的社会主义新农村建设为契机，通过必要的园林绿化美化和环境整治措施提高规划区内村庄的环境景观质量。对民俗村的村容村貌进行重点整治。民俗旅游村庄园林绿化包括村庄的道路绿地、民宅绿地、宅旁绿地等，要分清绿化景观配置的主次，重点对村庄内局部点、线展开植物景观设计，突出三季有花，四季常青。

在现有的社会主义新农村建设基础上，通过进一步的绿化美化提高村庄的环境景观质量，实现由新农村向旅游村的跨越。以优美的环境，热情、淳朴的民风民俗打动慕名来参观考察、旅游体验的四方宾朋。

8　规划实施对策与建议

8.1　整合长城沿线旅游资源，实行休闲背景下的统一开发

从国家层面来看，长城是一个统一体，是世界著名的文化遗产，宜采用整体保护。从迁安旅游开发历史来看，采用零打碎敲的开发方式证明是不成功的，必须采取整合开发。从游客体验角度来看，游客需要多元化的休闲氛围。

长城已经成为迁安市地面留存的最重要的历史文化遗产，不仅是区别其他城市的重要标志，而且是迁安市地方文化和地方精神的重要载体。另外，迁安长城是我国万里长城中的重要组成部分，保护长城遗产已经纳入到国家发展的重要目标体系之中。再者，随着迁安经济的快速发展，碧水蓝天青山已经提上重要日程，生态环境建设成为迁安构筑"生态迁安、和谐迁安和幸福迁安"的重要战略任务，长城与山地景观的叠加体已经成为迁安市重要的保护对象。保护长城与开发利用长城，已经成为迁安市委市政府着力解决的问题。

在当前的环境背景下，如何合理保护和有效利用长城资源？首要的就是掌握时代的发展趋势。务必将长城利用置于观光旅游向休闲度假旅游，迁安社会经济发展转型，迁安打造"京津后花园、渤海会客厅"的时代背景下，将长城及其所在区域发展成为重要的生态基地和休闲产业基地。

8.2　加强生态保护，走可持续发展之路

加强规划区域内自然环境、农业生产、历史文化等资源的挖掘利用，加强资源整合力度，科学论证，合理规划，突出特色，提高旅游资源的开发与利用效果，促进项目区有序发展。将可持续发展管理思路纳入到项目总体开发战略中来，在进行资源开发的同时加强自然和

人文生态环境的保护。项目建设的可持续发展包括经济、社会、文化、生态环境四个方面，效益的取得应以资源的有效利用和有效管理为前提，有针对性地、高效地开发的同时，还要实施有效的控制，要把可持续思想具体贯彻、应用到项目开发建设中来。

编制该旅游板块控制性详细规划，划定核心保护区、试验区和外围缓冲区以及明确各区保护级别及开发强度。保持本旅游区长城沿线的原始风貌，维护长城景观、民俗风情的原真性，突出所在区域自然景观的原野性。加强环境保护，加快各景区山体植被的恢复建设；整治主要景观通廊沿线的游览环境和景观视觉环境；沿长城旅游公路构筑"绿色走廊"，使之成为环境清幽、景色迷人、能给人强烈的视觉刺激的观景大道。

8.3　加强旅游配套设施的建设

提高长城旅游公路等级，配套完善交通沿线的通信、邮政、电力、银行、医疗、供水、餐饮、公厕、停车场、观景点、环保等设施或机构网点。在完善三抚公路基础上，建议沿燕山山脚开通"长城驿道"，利用特色马车或环保电瓶车组织旅游环线，规划后期可配套森林火车作为观光平台。依托长城风景旅游区建设，以建昌营镇为重点推动小城镇建设，将其打造为北部长城旅游板块的主要出入口和游客集散服务中心；市场相对成熟后，逐步扩大五重安、大崔庄的旅游接待服务功能，将其打造为次要出入口服务基地。

8.4　拓宽投融资渠道，实施规范化管理

加强政府部门在项目招商引资、项目开发建设中的主导力度，多渠道融资，建立多元的投资和经营机制。在政府给予扶持的同时，鼓励国内外企业和个人投资，形成多元化的投资机制。在经营管理方面，因势利导，大胆创新，灵活建立"集体经营"、"股份制经营"等多元化的经营体制。项目开发要因地制宜，突出特色，做好科学规划，加强资源整合力度，实施规范化管理。在开发过程中要严格执行国家和地方的相关政策、法规、条例，积极争取各级政府的优惠政策支持。

生态旅游产业为导向的景区规划设计
——正大（中国）生态园案例

1 背景分析

2009 年 5 月，国务院常务会议讨论并原则通过《关于支持福建省加快建设海峡西岸经济区的若干意见》，赋予海西区先行先试政策，从规划布局、项目建设、口岸通关、金融服务、财政税收、区域合作等方面支持和促进海西发展。泉港区位于海西经济区中心地段，是福建省最为重要的港口城区和石化基地，海西经济区发展战略的实施给泉港带来了历史性的新机遇，必将有力推动

泉港社会经济文化实现跨越式发展，促进泉港物质文明、精神文明、生态文明跃上一个新台阶。

泉港区确立了建立石化港口新城的城市发展定位《泉港石化港口新城总体规划（调整）（2008—2020）》将泉港区定位为以石化工业为主导的现代化港口新城，提出东部地区主要发展石化、物流、港口及其配套产业，西部地区主要发展农业和旅游业。东部带动西部的产业发展和人口城镇化，西部为东部提供农副产品，同时西部森林公园成为确保东部环境质量和提供休闲游憩场所的重要自然资源。经过多年的发展，东部地区规划开发建设已取得了十分显著的成效，规模庞大的现代化石化基地和港口已基本建成，城区迅速扩容。随着东部石化产业的进一步发展，东部对西部的资源和环境依赖程度逐渐增强。因此，尽快启动西部地区的规划建设，增强其资源供给能力和环境保障能力，实现东西部地区

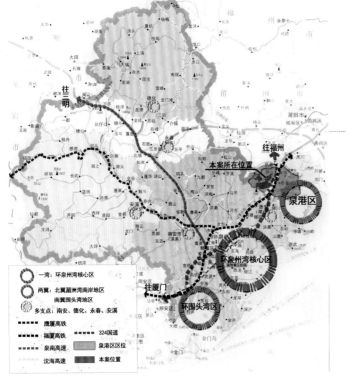

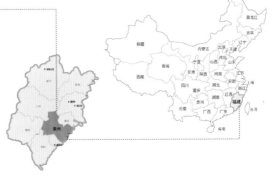

区位图

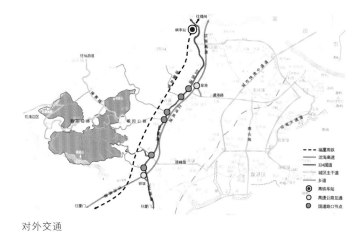

对外交通

的协调发展成为政府和企业的发展共识，一股招商投融资热潮正在西部地区掀起，各种产业形态迎来良好的发展机遇期。2011 年受正大集团委托，项目总体规划工作展开。

2 项目概况

项目开发的范围包括位于泉港区西部的笔架林场 2.3 万亩，旗头山林果场（含旗山林场 1.3 万亩、朝阳茶场 800 亩）1.38 万亩，观音山佛教公园（含樟脚古民居）6800 亩，金钟潭自然公园 3370 亩，宝岛小镇 2000 亩，总面积约 5 万亩。项目区现有的自然生态景观、宗教历史文化旅游资源丰富，具备生态休闲旅游开发的基本条件。

现状分析图

观音山

金钟潭

樟脚古民居

旗山农场

朝阳茶场

笔架林场办公区

笔架山主峰及景观双亭

东田水库

笔架寺

古驿道

为了与泉港区国民经济和社会发展计划相衔接，旅游发展总体规划期限为 2011~2020 年共计 10 年跨度，分为两个规划阶段。

规划近期：2011~2016 年。

规划中远期：2016~2020 年。

3 SWOT 分析

3.1 优势与劣势

3.1.1 优势

（1）区位优势明显

规划区位于泉港区西北部涂岭镇，324 国道、福厦高速公路、高速铁路都从境内穿过，高速公路的涂岭、驿坂两个出口也都在区内，道路通达性好。

（2）经济优势夯实

正大生态园项目由正大（泉州）投资有限公司投资建设。正大（泉州）投资有限公司是福建正大集团有限公司的子公司，企业实力雄厚，目前拥有资产总额 18 亿元人民币，年产值可达 25 亿元。从投资方企业分析看，投资方雄厚的经济实力为其项目快速、稳定、持续发展奠定了坚实的基础。

此外，项目区所在的泉港区是著名的侨乡和台胞祖籍地之一，共有旅居海内外的华侨、华人和港澳台同胞 37 万多人，这些海外游子将是本项目重要的投资者和客户群。

（3）旅游资源丰富

在《泉港西部生态旅游区总体规划》资源普查统计规划区内共有旅游资源 34 处（含 3 个亚类）中，正大生态园分布 13 处，占 38.2%。通过规划调查小组及行业专家共同打分法，从资源要素价值及资源影响力大的方面，观赏游憩使用价值、历史文化科学艺术价值等方面进行资源等级评分，整个西部区域内评为 4 级资源的有 5 个景点（最高级，5 级资源缺失），园区内分布有 4 个，分别

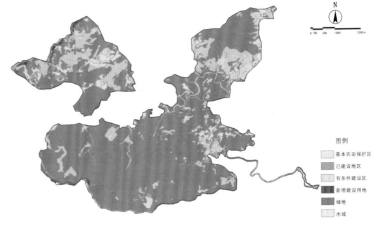

土地利用现状图

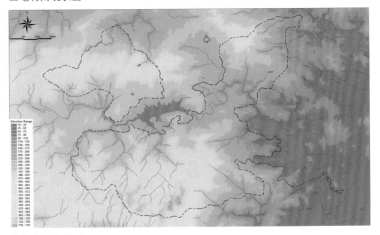

海拔高程分析图

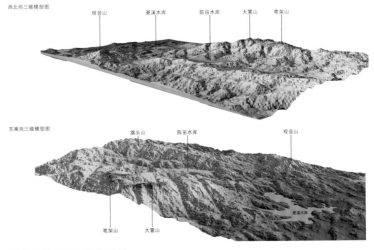

现状场地 GIS 三维模型图

是观音山、笔架山、金钟潭、樟脚古民居。由此可以看出，正大生态园规划区生态旅游资源较为丰富，质量较高，总体上属优良水平，这为该区域开发生态休闲旅游提供了良好的资源基础。

（4）生态环境优美

规划区空气负离子含量高，区内分布有大量能释放对人体健康有益的精气的植物。这些优良的生态保健资源为该区域开展生态休闲旅游提供了重要的环境资源基础。

规划区域空气质量

序号	测点名	正离子数（个/cm³）	负离子数（个/cm³）	单极系数 Q	安倍空气质量评价指数 CI
1	笔架山山底	1220	1300	0.94	1.38
2	笔架山山顶	2680	4500	0.60	7.50
3	笔架山山腰	2200	4200	0.52	8.08
4	笔架山林场山腰	1380	1900	0.73	2.60
5	笔架山林场黑缸潭	3920	11600	0.34	34.12
6	笔架山险宫	4990	8200	0.61	13.44
7	泉港区政府门口	1390	550	2.53	0.22
8	泉港港务局	1310	450	2.91	0.15
9	天马山	1610	1560	1.03	1.51
10	金钟潭下游100m处小溪边	4400	8200	0.54	15.19
11	金钟潭下游30m处的岩石上	4050	13500	0.30	5.00
12	金钟潭下方	4880	20500	0.24	85.42
13	泉州市少林寺前东岳前街路口	1210	470	2.57	0.18

3.1.2 劣势

（1）旅游业发展滞后

总体上来看，目前泉港区的旅游业发展还处在起步阶段，大部分景点还未进行规划开发，宾馆酒店档次也较低，休闲、娱乐、商务功能较弱，旅行社也主要是组团外出，接团功能不强，交通方面还无出租车服务，无直达主要景区的公共交通。游客基本上为自助游散客，很少有团队游客。

（2）周边项目品质弱，无法形成区域联动

泉港港区旅游资源内容丰富，处处有山，村村建庙，但是每一种资源都给人似曾相识之感，与周边旅游资源同质化现象严重。项目区周边已开发的项目配套不完善，档次低，游客少，无法与市场需求对接。

（3）森林植被缺乏经营管理

规划区内森林植被经营管理不到位。规划区域农林联合，农房散布林中，农户烧茶做饭多烧柴火，稍有不慎，住宅失火易引发森林火灾。近年来，区内林地因林管人员匮乏，枯枝落叶等地被物缺乏清理，越来越厚，遇高温干燥天气易自燃，由此增加了森林火险等级。此外由于林管人员匮乏，盗伐、盗猎现象时有发生，给林区动植物资源造成破坏和伤害。

3.2 机遇与挑战

3.2.1 机遇

（1）政策机遇期为项目开发提供强有力的保障

国家建设海西经济区和海西旅游区，为泉港西部的保护与旅游发展提供了良好的机遇。《泉港区西部生态旅游区总体规划》成果的编制，为西部地区进行保护和旅游发展明确了目标和方向，为正大生态园规划建设提供了强有力的保障。

（2）两岸合作深入展开，助推项目开发建设

闽台两地一衣带水，地缘相近、血缘相亲、文缘相承、商缘相连、法缘相循。福建和台湾地缘相近（福建是祖国大陆离台湾最近的省份），闽台五缘相通有利于两岸交流发展，迎来了海西经济发展的新契机，闽台交流合作逐步由单向到双向，由点到面在多层次、多领域全面展开。泉港作为著名的侨乡，能够为本项目的开发创造新空间、新动力和新机遇。

3.2.2 挑战

（1）区域内生态干扰和环境影响压力加大

一是随着福炼一体化项目的继续扩产及城市交通工具的增加，废气排量持续增加，城区空气质量呈逐年下降趋势，环境压力越来越大；二是巨桉的大量种植对林区土地安全构成威胁；三是石场、矿场的滥开滥采对山

林景观产生严重破坏；四是库区周边散乱养殖场对水库水质形成局部污染；五是村落建设用地快速增长对基本农田形成侵占；六是村落公共卫生条件较差，有待改善。

（2）知名品牌屏蔽作用明显

规划区域周边分布着众多重量级的旅游产品，比如武夷山世界文化与自然双遗产、泰宁丹霞世界自然遗产、厦门鼓浪屿、三明大金湖、宁德太姥山，这些都是福建省内乃至国内外知名的旅游产品。还有很多景区、景点正在开发，这些产品将对本项目的发展形成巨大压力。

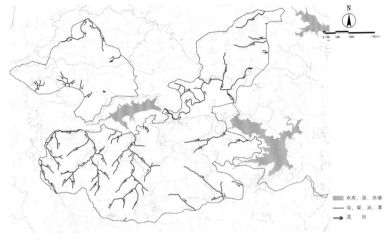

现状水系

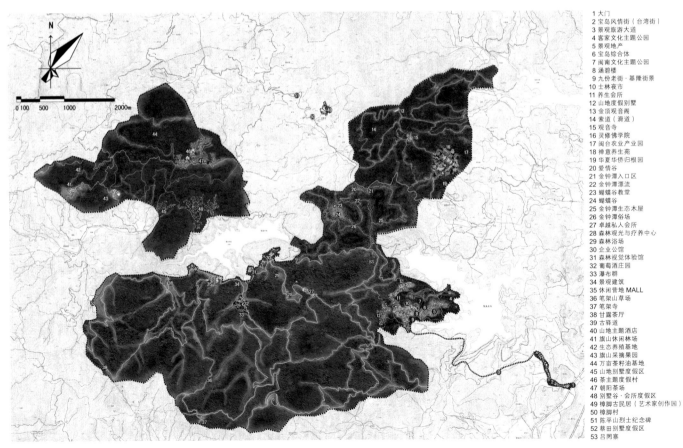

1 大门
2 宝岛风情街（台湾街）
3 景观旅游大道
4 客家文化主题公园
5 景观地产
6 宝岛综合体
7 闽南文化主题公园
8 涵碧楼
9 九份老街·基隆街景
10 士林夜市
11 养生会所
12 山地度假别墅
13 金顶观音阁
14 索道（滑道）
15 观音寺
16 灵修佛学院
17 禅意养生苑
18 华夏华侨归根园
19 爱情谷
20 金钟潭入口区
21 金钟潭漂流
22 金钟潭漂流
23 蝴蝶谷教堂
24 蝴蝶谷
25 金钟潭生态木屋
26 金钟潭俗场
27 卓越私人会所
28 森林观光与疗养中心
29 森林浴场
30 企业公馆
31 森林视觉体验馆
32 葡萄酒庄园
33 瀑布群
34 景观建筑
35 休闲营地MALL
36 笔架山草场
37 笔架寺
38 甘露茶厅
39 古驿道
40 山地主题酒店
41 旗山休闲林场
42 生态养殖基地
43 旗山采摘果园
44 万亩茶籽油基地
45 山地别墅度假区
46 茶主题度假村
47 朝阳茶场
48 别墅谷·会所度假区
49 樟脚古民居（艺术家创作园）
50 樟脚村
51 陈平山烈士纪念碑
52 蔡田别墅度假区
53 吕岗寨

总平面图

4 规划思路与定位

4.1 总体目标

项目总体定位及发展目标在整合项目区内的自然生态景观、宗教历史文化旅游等资源的基础上，打造成集农业观光、生态体验、宗教朝觐、养生度假、康体健身、文化熏陶、休闲购物、居住等功能于一体的国家级旅游度假区，并计划 10 年内将景区建设成为福建地区首选的健康旅游目的地，国家级生态旅游示范区。

4.2 规划思路

以生态、文化、休闲为三大主线，打造特色园区项目和品牌，开发山水观光、休闲度假、文化体验、康体养生、山地运动、商务会展六大类旅游产品。

4.3 功能定位

根据项目区的资源赋存及开发潜力，可将规划区的功能确定为：观光（自然观光）、休闲度假、文化体验（闽台文化、观音文化休闲）、会议接待（会务会议）、节事活动。

5 空间布局与旅游产品线路设计

5.1 空间布局

按照国家 5A 级旅游景区建设验收的标准要求，进行项目空间安排和分区，并基于生态旅游资源与产业发育格局，以闽台文化为灵魂，以"生态·文化·休闲"为主题，以多元化旅游项目和产品为目标构建"一体两翼六区"空间体系。

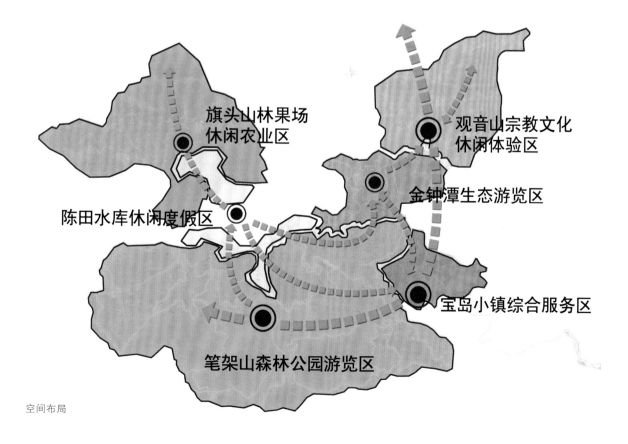

空间布局

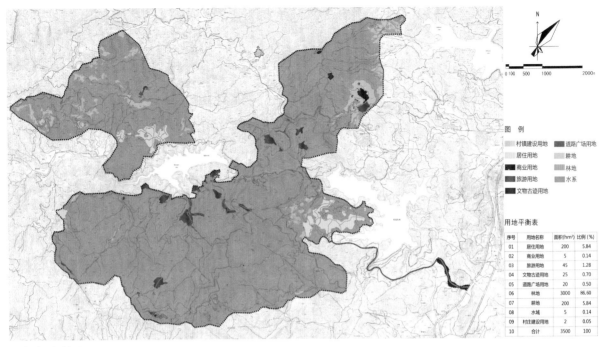

图 例

村镇建设用地	道路广场用地
居住用地	耕地
商业用地	林地
旅游用地	水系
文物古迹用地	

用地平衡表

序号	用地名称	面积(hm²)	比例 (%)
01	居住用地	200	5.84
02	商业用地	5	0.14
03	旅游用地	45	1.28
04	文物古迹用地	25	0.70
05	道路广场用地	20	0.50
06	林地	3000	86.60
07	耕地	200	5.84
08	水域	5	0.14
09	村庄建设用地	2	0.05
10	合计	3500	100

土地利用规划图

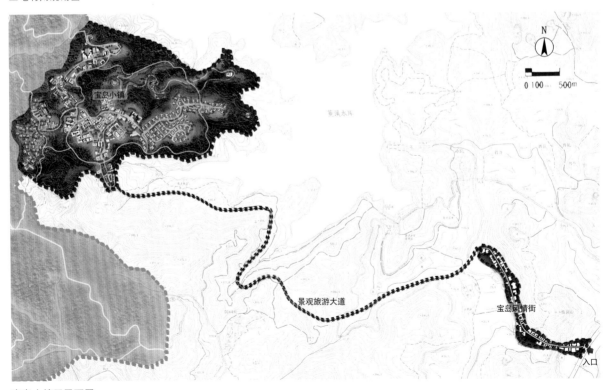

宝岛小镇区平面图

一体：以宝岛小镇构成产业园发展核心，成为集台湾主题文化体验、山水休闲度假为一体的中央休闲游憩核，从而带动观音山、笔架山两翼产业发展。

两翼：以观音山、笔架山为依托，形成产业园区发展的左右两翼，形成大鹏展翅的发展格局和态势。

六区：分别以山水为背景，形成宝岛小镇综合服务区、笔架山森林公园游览区、观音山宗教文化休闲体验区、陈田水库休闲度假区、金钟潭生态游览区、旗头山林果场休闲农业区。

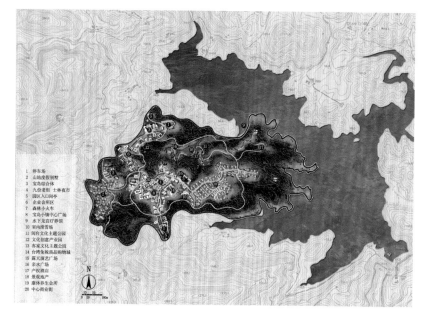

1　停车场
2　山地度假别墅
3　宝岛综合体
4　九份老街　士林夜市
5　园区入口岗亭
6　企业会所区
7　森林小火车
8　宝岛小镇中心广场
9　水下龙宫疗养馆
10　室内滑雪场
11　闽台文化主题公园
12　文化创意产业园
13　客家文化主题公园
14　台湾免税商品购物城
15　露天滑雪广场
16　茶水广场
17　产权酒店
18　景观地产
19　康体养生会所
20　中心商业街

宝岛小镇平面图

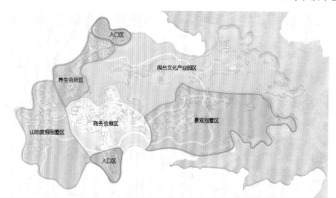

功能分区

水系分析

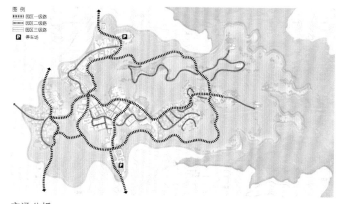

交通分析

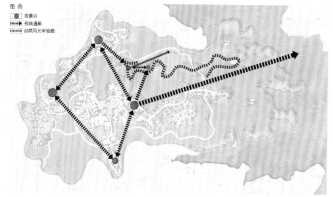

视线分析

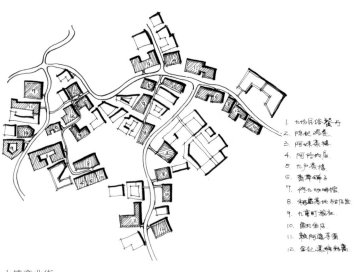

小镇商业街

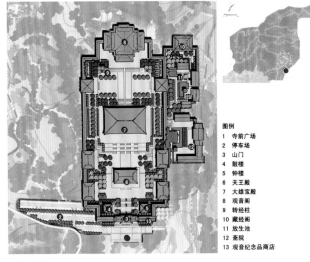

观音禅院

5.2　旅游产品线路设计

5.2.1 专项主题线路设计

（1）生态游产品线路设计

园区大门—菱溪水库滨水休闲带—笔架山森林浴场—笔架山风景摄影基地—金钟潭蝴蝶谷—金钟潭浴场—金钟潭生态游览步道—森林视觉体验馆—中草药基地—树屋—万亩茶籽油基地—旗山休闲林场—生态养殖基地—旗山采摘果园—朝阳茶场—闽台创意农业产业园

（2）文化游产品线路设计

台湾街—闽台文化主题公园—文化创意产业园—客家文化主题公园—笔架寺—闽台创意农业产业园—华夏华侨归根园—灵修佛学院—观音文化苑—观音禅院—观音寺—金顶观音阁—樟脚古民居（艺术家创作园）

（3）康体休闲产品线路设计

台湾街—士林夜市—宝岛综合体—涵碧楼—水下龙宫疗养馆—室内滑雪场—台湾免税商品购物城—露天演艺广场—山地度假别墅—产权酒店—阿里山森林小火车—卓越私人会所—企业公馆—葡萄酒庄园—森林观光与疗养中心—甘露茶厅—景观建筑—休闲营地 MALL—虎西林别墅谷—茶主题度假村—爱情谷—蝴蝶谷—金钟潭漂流—金钟潭生态木屋—山水餐吧—禅意养生苑—樟脚

乡村旅游示范村

5.2.2 游程线路设计

（1）一日游产品线路设计

园区大门—台湾街—九份老街·基隆街景——士林夜市—露天演艺广场—室内滑雪场—闽台文化主题公园—文化创意产业园—客家文化主题公园—台湾免税商品购物城—宝岛综合体—涵碧楼—水下龙宫疗养馆—产权酒店—山地度假别墅—景观地产—阿里山森林小火车

金钟潭爱情谷—蝴蝶谷—蝴蝶谷度假庄园—蝴蝶谷教堂—金钟潭漂流—金钟潭生态木屋—樟脚乡村旅游示范村—樟脚古民居（艺术家创作园）——陈平山烈士纪念碑

闽台创意农业产业园—华夏华侨归根园—灵修佛学院—观音文化苑—观音禅院—观音寺—金顶观音阁—索道（滑道）—樟脚村

驿板村—笔架寺森林观光与疗养中心—企业公馆—葡萄酒庄园—甘露茶厅—树屋—景观建筑—休闲营地 MALL—湖心会所

（2）二日游产品线路设计

驿板村—笔架寺森林观光与疗养中心—企业公馆—葡萄酒庄园—甘露茶厅—树屋—景观建筑—休闲营地 MALL—湖心会所—万亩茶籽油基地—旗山休闲林场—

生态养殖基地—旗山采摘果园—朝阳茶场—茶主题度假村—樟脚村

金钟潭爱情谷—蝴蝶谷—蝴蝶谷度假庄园—蝴蝶谷教堂—金钟潭漂流—金钟潭生态木屋—索道（滑道）—金顶观音阁—观音寺—观音禅院—观音文化苑—灵修佛学院—华夏华侨归根园—闽台创意农业产业园

台湾街—九份老街·基隆街景—士林夜市—露天演艺广场—室内滑雪场—闽台文化主题公园—文化创意产业园—客家文化主题公园—台湾免税商品购物城—宝岛综合体—涵碧楼—水下龙宫疗养馆—产权酒店—山地度假别墅—景观地产—阿里山森林小火车—三青生态园—闽台创意农业

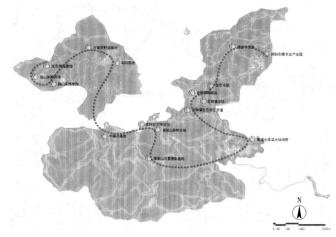
项目布局图一（生态主线）

金钟潭生态游览区规划项目——蝴蝶谷效果图

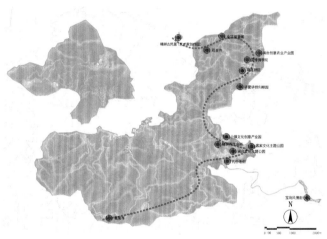
项目布局图二（文化主线）

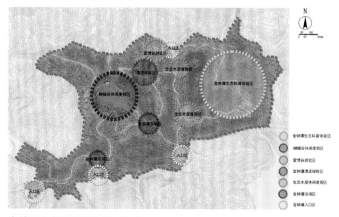
金钟潭生态游览区功能分区图

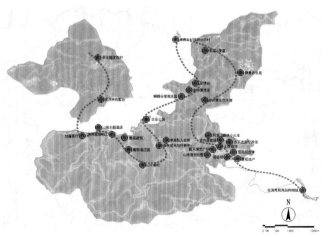
项目布局图三（休闲主线）

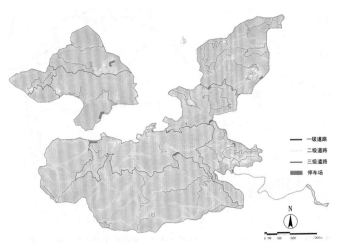

交通体系规划图

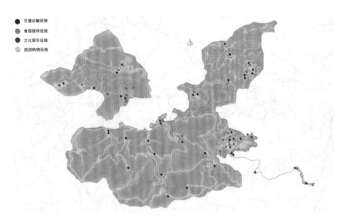

旅游服务设施规划

产业园—华夏华侨归根园—灵修佛学院—观音文化苑—观音禅院—观音寺—金顶观音阁—索道（滑道）

（3）多日游产品线路设计

园区大门—台湾街—九份老街·基隆街景—士林夜市—露天演艺广场—室内滑雪场—闽台文化主题公园—文化创意产业园—客家文化主题公园—台湾免税商品购物城—宝岛综合体—涵碧楼—水下龙宫疗养馆—产权酒店—山地度假别墅—景观地产—阿里山森林小火车—企业公馆—葡萄酒庄园—甘露茶厅—树屋—景观建筑—休闲营地MALL—湖心会所—金钟潭爱情谷—蝴蝶谷—蝴蝶谷度假庄园—蝴蝶谷教堂—金钟潭漂流—金钟潭生态木屋—樟脚乡村旅游示范村—樟脚古民居（艺术家创作园）—陈平山烈士纪念碑

闽台创意农业产业园—华夏华侨归根园—灵修佛学院—观音文化苑—观音禅院—观音寺—金顶观音阁—索道（滑道）—樟脚村—金钟潭爱情谷—蝴蝶谷—蝴蝶谷度假庄园—蝴蝶谷教堂—金钟潭漂流—金钟潭生态木屋—企业公馆—葡萄酒庄园—甘露茶厅—树屋—景观建筑—休闲营地MALL—湖心会所—阿里山森林小火车—水下龙宫疗养馆—涵碧楼—客家文化主题公园—文化创意产业园—闽台文化主题公园—室内滑雪场—士林夜市—九份老街·基隆街景—台湾街

游线组织规划1

游线组织规划2

以文化遗址为导向的休闲度假区规划与开发
——河北迁西青山关案例

1 发展情境分析

青山关位于河北省唐山市迁西县东北部上营乡，坐落在燕山支脉大青山腹地，东临青龙，北接宽城，万里长城环绕整个区域。

从资源角度看，青山关景区的核心资源卖点为长城及长城文化。与其他区域的长城比较，尤其是与北京和秦皇岛的长城比较，此处的长城更加富有野趣，是"原汁原味"的长城。（注：青山关长城修筑的历史可追溯到1400多年前的春秋战国时期，后来秦始皇又复修长城，到南北朝时期修筑长城与明代万里长城东段路线基本一致。）青山关长城较为原始、原真，承载着更多的历史沧桑感，具有丰富的文化内涵和更为广阔的发展前景。唐代诗人戎昱"铁衣霜雪重，战

马岁年深。自有卢龙塞，烟尘飞至今"的诗句，就是对这一带长城战事的真实写照。

从观光和文化认知的角度讲，青山关长城无法与八达岭长城和山海关长城相提并论，但从休闲体验的角度看，这里囊括了万里长城建筑艺术的精华，有万里长城线上唯一保存下来的明代古堡，有历经400余年风雨硝烟仍巍然屹立的古关城，是万里长城中具有唯一性和稀缺性的旅游资源。此外还有造型奇特巧夺天工的72券楼，有古谜难解匪夷所思的月亮城，有长城沿线独有的监狱楼，有万里长城线上唯一保存下来的水门，有八角八面北天一柱的八面峰（唐山最高峰）。

悠久的长城古堡、纯朴的山乡民俗，秀丽的田园风光，构成了青山关独特的旅游资源，身处其间，风景如画，古

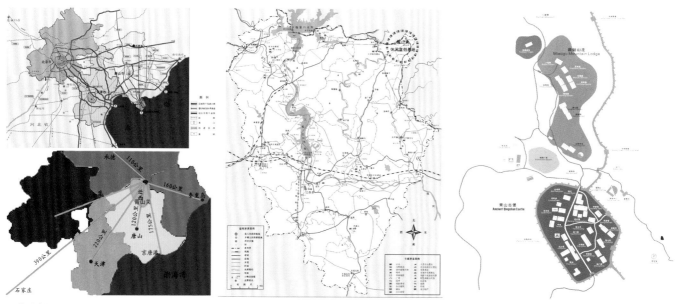

区位分析图   青山关二期开发项目区

"原汁原味"的长城构成了青山关休闲度假基地的背景景观

意幽然，使得青山关二期开发建设项目取得了重大成功。青山关景区在 2003 年开发以来，先后获得了国家 4A 级旅游景区、国家民委 CET 项目实验区、河北省十大长城精品景点、河北省第一批乡村旅游示范点等称号和荣誉。

　　青山关景区目前已形成良好的旅游发展环境和比较完善的旅游接待服务设施，并在区域性市场上具有一定的影响。但随着青山关开发经营权的转换以及旅游产品和活动项目的缺失，无论是景区内部环境建设中，还是外部市场开发上，都存在一系列问题，如缺乏核心旅游活动项目，旅游产业链条短，建筑风格突兀不协调等。

1.1 功能缺失，观光游览系统不完善

　　目前，以青山关古堡、青山会所为核心的旅游接待设

施虽已完善，并具有一定的知名度和影响力，但是功能单一，没有形成吃、住、行、游、购、娱等旅游功能要素齐全的旅游目的地。虽获得了国家 4A 级旅游景区，但观光游览系统并不完善，相关的旅游硬件设施如度假酒店、会议中心的缺失，造成了其设施规模远未达到旅游区的要求。

1.2 缺乏主题性的特色活动，户外活动项目匮乏

　　目前，青山关景区除了长城游览观光和篝火晚会活动项目外，高起点、精品化旅游活动项目缺乏，没有形成系统的富有特色的户外活动项目。

1.3 青山关古堡一枝独秀，区域发展不协调

　　青山关景区进行企业化运作后，有限的发展空间却

要为经济收益面临过度的开发建设，致使青山关古堡一枝独秀，倍受青睐的同时，其外围开发建设却越来越偏离前期开发的宗旨，造成了青山关古堡越来越被孤岛化，区域内发展极不协调，环境优美的青山关整体景观和环境氛围也正面临着被破坏的危险。

1.4 旅游季节性明显，淡季无法经营

旅游季节性明显，淡季时间长，季节性是影响其发展的重要不利因素，夏季度假村转化为四季度假村难度很大。淡季时间景区无法运营，处于停业状态，工作人员待业回家，无法保证服务人员的服务水平和质量。

所有这些必将使前期开发成功的青山关发展面临着前所未有的挑战，如何打破青山关发展瓶颈，寻找新的发展思路，谋求更好的发展，成为当地政府和景区经营者亟待解决的问题。

2 规划范围界定

青山关休闲度假基地以开发成熟的青山关古堡景区为核心，整个度假基地辐射至上营、大堡城子、小堡城子、新立村、金台子村、青山口村等村落。

规划区南北长城环绕，西至长河及丰润至董家口省

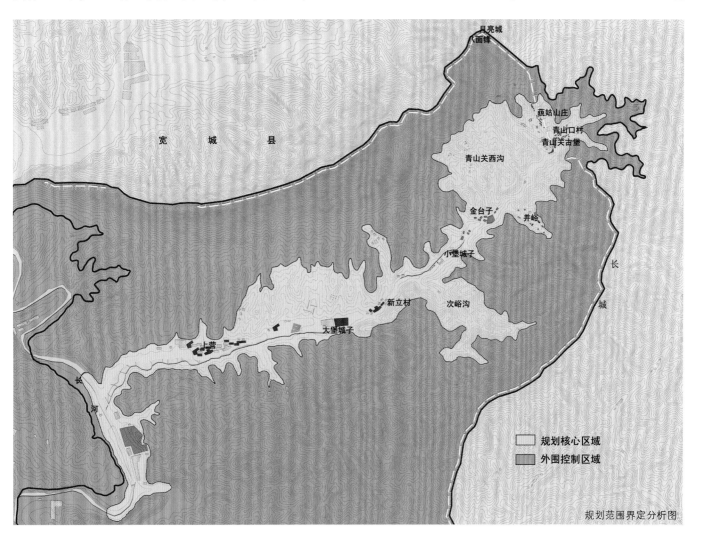

规划范围界定分析图

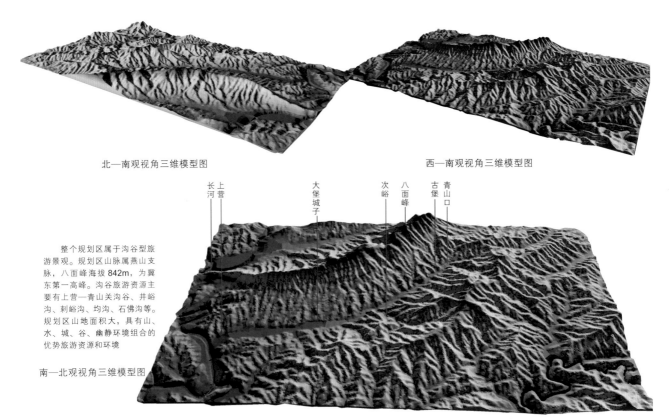

北—南观视角三维模型图　　　　　　　　　　西—南观视角三维模型图

整个规划区属于沟谷型旅
游景观。规划区山脉属燕山支
脉，八面峰海拔842m，为冀
东第一高峰。沟谷旅游资源主
要有上营—青山关沟谷、井峪
沟、刺峪沟、均沟、石佛沟等。
规划区山地面积大，具有山、
水、城、谷、幽静环境组合的
优势旅游资源和环境

南—北观视角三维模型图

规划区三维地形分析图

级干线公路，东至榆木岭长城，以青山关、次峪沟为核心区域，总规划面积 22km²，规划核心区域面积 8km²，外围控制区域面积 14km²。

3　规划目标

依托明长城沿线最好的古堡与山水组合环境、滑雪场及度假酒店等现代运动项目和度假服务设施，打造全国长城沿线最为著名的休闲度假基地之一。

通过青山关休闲度假基地的建设，加快北部长城旅游区的发展，加快迁西县"打造环京津休闲旅游目的地和中国生态旅游名县"的步伐。

通过整合以长城为依托的优势旅游资源，打造青山关旅游品牌，促进北部长城旅游带旅游项目开发的全面提升，为北部长城旅游带可持续发展提供具有创新性、

前瞻性和可操作性的策划、规划与技术保障方案。

4　规划理念

（1）规划以长城为背景，以古代戍边文化、葡萄酒文化及燕山地区民俗风情为灵魂，以青山关古堡和滑雪场为内核的高端休闲度假基地，培育休闲旅游产业链，全面打造特色突出、设施完备、环境优美的综合性旅游目的地。

（2）突出主题性的特色活动项目，深入挖掘地方文化内涵，扩大 4~5 个功能区，重点打造 3~4 项特色活动，以丰富的休闲娱乐活动项目为重要载体，完善旅游目的地配套建设和创意策划旅游活动，实现青山关休闲度假基地跨越式发展。

（3）发挥青山关休闲度假基地龙头带动作用，树立

区域协调发展的理念，协调好当地居民、景区投资经营者、政府部门的利益关系，促进政府、企业、老百姓的三赢。

5 规划空间结构与总体布局

本项目以长城文化为灵魂，上营至青山关葡萄沟为主轴，青山关古堡、次峪长城滑雪场为核心发展区，长城观光游览带、上营至青山关乡村旅游产业带为发展两翼，打造长城古堡休闲度假体验和现代体育运动休闲活动项目，依托项目区内丰富的旅游资源，大力实施景区带动发展战略，塑造长城旅游知名品牌，建设以长城为发展大背景的集长城观光、古堡文化体验、运动健身、康体养生、商务会议等多功能于一体的综合性休闲度假基地。

根据青山关景区地域特点和发展思路，规划总体布局形成"一轴两心两带十区"的规划空间结构。

5.1 一轴：葡萄沟

北纬35°~50°的区域是葡萄生长的黄金地带，世界上大部分优质葡萄产区都分布在此，如处在同一纬度带上的法国波尔多（北纬45°），美国加利福尼亚州的纳帕溪谷（北纬35°），均是全球最著名的葡萄种植和葡萄酒产地。迁西青山关（北纬40°）正好处于这一适合葡萄种植的纬度带上。因此可沿上营至青山关的沟谷种植葡萄，打造全国著名的葡萄沟，并以此为轴线，形成优美的葡萄景观带，为青山关旅游再添新景。

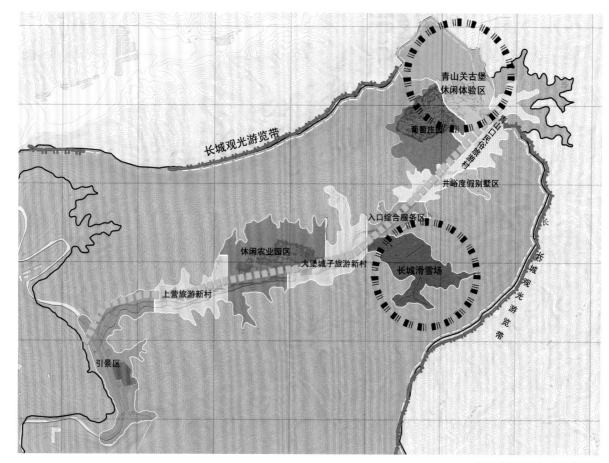

规划空间结构与功能分区图

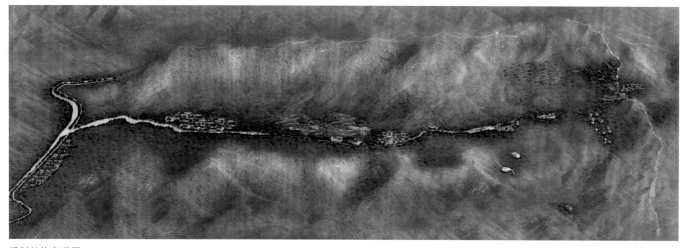

规划总体鸟瞰图

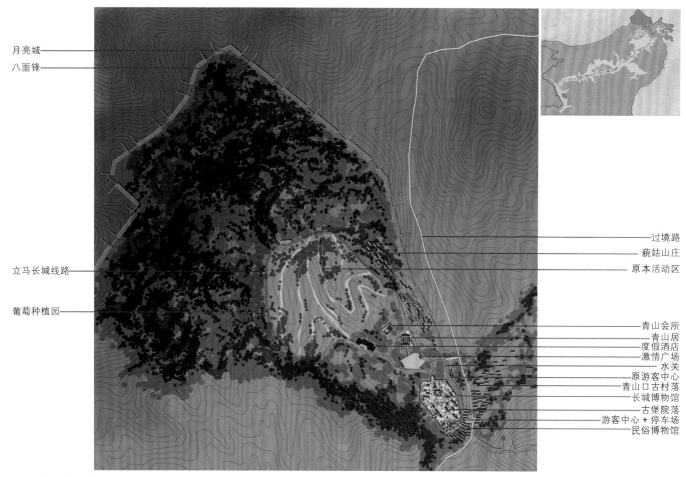

月亮城
八面锋

立马长城线路

葡萄种植园

过境路
藐姑山庄
原本活动区

青山会所
青山居
度假酒店
激情广场
水关
原游客中心
青山口古村落
长城博物馆
古堡院落
游客中心 + 停车场
民俗博物馆

青山关核心区规划平面图

入口综合服务区效果图

葡萄庄园方案一效果

葡萄庄园方案二效果

5.2 两心：青山关古堡、长城滑雪场

5.2.1 青山关古堡

青山关古堡以传统元素为主导展开开发建设，加强古堡硬件设施和服务质量建设，完善青山关古堡的高端商务度假的接待功能。通过古堡会所、戚继光文化博物馆、休闲茶肆等项目的打造，使青山关古堡由现有的农家乐式住宿消费模式提升为高档休闲度假消费模式。

青山关古堡及周围环境开发应突现古朴的历史厚重感，环境景观营造和场景设计应使人置身其间产生恍如时光倒流、梦回大明边关的情愫。

青山关古堡

青山关古堡夜景

青山关古堡把总署

青山关古堡青山客栈

青山关国外游客

青山关古堡幽静的道路

青山关古堡院落

5.2.2 长城滑雪场

在大堡城子上游的次峪沟规划滑雪场和度假酒店以及景观房产。

长城滑雪场以现代运动休闲为主题展开开发建设，形成以现代元素为代表的第二发展核心。长城滑雪场度假酒店建筑形式、外围环境景观及设施建设应彰显当今时代特色，与青山关古堡形成"一今一古"的显明对比。

5.3　两带：长城观光游览带，上营至青山关乡村旅游产业带

5.3.1 长城观光游览带

青山关现有长城 22km，其中关城 1 座，敌楼 40 个，烽火台 10 个。这里有万里长城线上唯一保存下来的水门，有历经 500 多年战火硝烟仍巍然屹立的古关城，有造型奇特，巧夺天工的 72 券楼，有古谜难解匪夷所思的月亮城，有八角八面北天一柱的八面峰。与其他地方的长城相比，青山关长城更具有原汁原味、古香古色的特点，具有较高的文物价值，因此早在 1956 年，青山关及沿线古长城就被列为省级文物保护单位。

长城为青山关景区发展的背景和依托，长城观光游览带的开发强调长城文化内涵是旅游开发的重要原则，应围绕长城文化重点开发徒步观长城、"立马览长城"、生态健身、古长城摄影、写生等旅游产品和活动，在确保不破坏长城的原生态景观风貌前提下，因地制宜配置

旅游配套设施，满足游客需求。

5.3.2 上营至青山关乡村旅游产业带

连接上营、大堡城子、新立村、小堡城子、青山口等行政村，通过社会主义新农村建设和青山口古村落保护、乡村民俗旅游的升级换代、拦截水坝、整体环境的营造，形成富有乡土特色的乡村旅游产业带和社会主义新农村建设示范带。

5.4　十区

引景区、入口综合服务区、青山关古堡休闲体验区、长城滑雪场、葡萄庄园、蘸姑山庄、休闲农业园区、青山口古村落、上营—大堡城子旅游村、井峪山地度假别墅区。

6　道路交通系统规划

6.1　外部交通

正在修建迁西县城至青山关的道路，是本区重要的对外交通道路。

上营乡青山关至宽城大道穿景区而过，是本景区重要的引景道路空间。

在沿途合适位置树立巨幅宣传广告牌，并悬挂景区宣传横幅，营造迎宾氛围。

6.2　内部交通

本区内部交通道路规划为主干道和游步道两级。通过内部交通系统规划，既在各功能区内形成完善的内部游览路线，又以主干道为连接纽带，共同构成游览区的内部交通网络。

6.2.1 主干道

主干道是景区内连通不同的功能分区的道路，通行旅游车辆、景区电瓶车、观光自行车等交通工具。

本区主干道主要是入口至青山关现有公路。

主干道公路段，规划为6.5m无隔离双车道，道路两侧规划1m绿化带进行整修绿化，增设生态路灯，置灯箱广告。

6.2.2 游步道

本区内游步道主要是指主干道通往各景区及景区内部游览道路，以游客步行观光为主要功能。规划红线宽度1.5~2m。

视山地具体情况，游步道维持自然路面或以碎石、石板铺装。

局部地区结合功能要求可置台阶、石桥、木栈道等多种形式。

路势险要处，加设护栏及提醒标志，确保游客行路安全。

道路选择尽量与地形地貌吻合，并要形成良好的观赏视线。

6.3　停车场建设

本区设立3处集中停车场，分别位于上营—大堡城子旅游村、次峪入口综合服务区、青山口。规划总停车位230个，其中上营—大堡城子旅游村停车场占地1000m²，泊位50个；次峪入口综合服务区规划总面积5000m²，规划小车位100个，大型车位30个；青山口停车场占地1200m²，泊位60个。全部建设生态停车场，以植草砖铺砌，周围植高大乔木，形成绿荫停车场。

7　旅游服务设施规划

7.1　游客服务中心

游客服务中心作为向游客提供旅游咨询、旅游信息、导游服务、短暂休息和接受旅游投诉的综合性服务场所。青山关休闲度假基地在次峪入口综合服务区和青山关核心景区共规划2处大型游客服务中心。在上营—大堡城子旅游村、休闲农业园区、滑雪场、葡萄庄园、蘸姑山庄规划5处小型游客服务中心。

7.2　餐饮设施规划

旅游区餐饮设施根据旅游功能分区与规划结构，采取集中布局与分散布局相结合的方式。餐饮类型突出特

餐饮设施规划表

位置	餐位	消费市场	餐饮特色
生态餐厅	300	大众消费市场	大众餐饮、普通家常菜
青山关度假酒店	200	中高档消费市场	滋补餐饮、养生保健餐饮
葡萄庄园古堡	150	高档消费市场	西式餐点
滑雪场度假酒店	100	中高档消费市场	滋补餐饮、养生保健餐饮
青山口古村落	300	中高档消费市场	地方特色餐饮、农家家常菜
上营民俗旅游村	250	大众消费市场	特色餐饮：青山口三宝
大堡城子旅游村	350	大众消费市场	地方特色餐饮、农家家常菜
休闲垂钓园	50	大众消费市场	特色烧烤
休闲农业园	60	大众消费市场	有机蔬菜宴
藐姑山庄茶馆酒肆	80	高档消费市场	休闲吧，提供茶水、酒水

色和精品，注重绿色和地方化。餐饮设施的建筑风格与周边环境相协调，起到烘托氛围和环境的作用。

7.3 住宿设施规划

住宿设施规划采用相对集中布局的方式，注重住宿设施结构的配置，满足多层次和各细分市场的需求。建筑风格与所在区域环境相协调。

7.4 旅游商业设施规划

旅游区内设置齐全完备的商业服务设施，满足不同旅游者的购物需求。旅游商业设施以购物亭、购物摊点等多种形式设计，出售旅游纪念品、土特产品、食品饮料、日常生活用品。

7.5 旅游解说系统规划

规划区内旅游解说系统规划包括向导系统规划和牌示解说系统规划。解说标牌的制作要精美，使其成为景区内一道独特的风景，材质的选用及色彩、造型要与游览区的整体环境相协调。

住宿设施规划表

位置	床位	消费市场	标准
青山关古堡	50	高档消费市场	
青山关度假酒店	200	中高档消费市场	四星标准
葡萄庄园古堡	100	高档消费市场	三星标准
滑雪场度假酒店	200	中高档消费市场	三星标准
青山口古村落	300	中高档消费市场	标准化建设
青山居、青山会所	50	中高档消费市场	
藐姑山庄	50	中高档消费市场	标准化建设
上营民俗旅游村	200	大众消费市场	标准化建设
大堡城子旅游村	300	大众消费市场	标准化建设

休闲创意农业为导向的园区规划与建设
——台湾案例

20世纪50~60年代是中国台湾发展的黄金时期，农业为台湾社会经济发展提供了大量的粮食，廉价的原料和劳动力，同时有大量的资金转入非农业部门。到20世纪60年代末至70年代初，台湾农业由于受到快速发展工业和商业的竞争，开始步入明显的停滞、萎缩时期。再加上外国农畜产品大量进口，农村产品贸易逆差增大，更加剧了台湾农业的困境。为了使农业走出困境，提高农业效益，增加农民收入，台湾加快农业转型，调整农业结构，使农业从第一产业向第一、二、三产业综合发展，扩大农业经营范围，从以产品为主发展农业，逐步过渡到发展农业服务业，包括旅游农业、休闲农业、农业运输等。

20世纪80年代后期，台湾观光农园向内容更丰富的休闲农业发展，即不仅提供农产品，而且形成一个具有田园之乐的休闲区，这种"农业＋旅游业"性质的农业生产经营形态，既可发展农业生产，维护生态环境，扩大农业旅游，又可达到提高农民收益与繁荣农村经济的目的。

综上可见，由于社会经济环境的背景条件造成对休闲农业需求的一种"拉力"，而另一方面农业的转型和结构调整，政府和各地农会的全力推动，对休闲农业发展形成一股强大的"推力"。在这一堆一拉的情境下，休闲农业的发展成为时势所趋。

1 台湾休闲农业园区规划与建设发展阶段及重点

台湾休闲农业园区规划与建设大致可以分为三个阶段：

1.1 观光农业时期（1971~1989年）

自20世纪50年代至60年代初，台湾农业开始萎缩以来，农政单位便积极致力于改善农业结构，寻求新的农业经营形态，以求农业发展的第二春。有识之士便酝酿利用农业资源吸引游客前来游憩消费享受田园之乐，

台湾南投县清境青青草原农场

台湾南投县翠竹绿休闲茶园

台湾清境休闲农场

充满童趣的体验活动——抓泥鳅

陶艺制作

儿时的回忆——肥皂泡体验

童玩区——荡秋千

生态知识、植物识别讲解

休闲农业园区内不同功能的休闲体验活动拓展

并促销农产品。于是农业与观光结合的构想应运而生。

1980 年，台北市首先在木栅区指南里组织 53 户茶农开办茶园，称为木栅观光茶园，开启了台北市观光农园之先例，此后便在辖区内陆续辅导各种农产业观光农园的设置。观光农园计划的推出广受社会大众喜爱，也受到农民及各界的重视与肯定，同时开始了农业旅游之先河。

鉴于台北市观光农园之发展经验，台湾便自 1981 年底开始执行发展观光农业示范计划，辅导设置观光农园，观光农园的地点、面积、种类、规模等均不断成长；1982~1989 年短短 7 年中，观光农园面积超过 1000hm^2，范围包括 14 县，42 乡镇，22 种作物。其中水果 15 种，蔬菜 4 种，以及茶、香菇、蝴蝶兰。

1.2 休闲农业发展时期（1989~1994 年）

台湾"农委会"为促进休闲农业的发展，于 1989 年 4 月委托台湾大学农业推广学系举办了"发展休闲农业研讨会"。在会上对休闲农业的概念基本形成了共识，正式确定"休闲农业"名称，并对其进行定义：休闲农业系指利用农业产品、农业经营活动、农业自然资源环境及农村人文资源,增进人们游憩、健康,合乎利用保育及增加农民所得,改善农村之农业经营。

1990 年台湾"农委会"在《改革农业结构提高农民所得方案》中,研订了《发展休闲农业计划》,制定了"设立休闲农业区"的一些基本条件,如面积至少要大于 50hm²,而且必须连在一起,有较多农民参加且受益,有当地农产品可供销售,有美丽景观可以观赏,有丰富农业经验可让游人体验,并且要能维持农业本质以区别于一般游乐区等。为了辅导休闲农业发展,"农委会"成立了"休闲农业策划咨询小组",由专家、学者及单位代表组成,执行休闲农业区规划设计的决策咨询。为了加强休闲农业区的管理,农委会于 1994 年 12 月 31 日公布实施休闲农业区设置管理办法,并设定了"休闲农业标章"。

1.3 休闲农业提升时期(1995 年以后)

台湾的休闲农业虽然发展迅速,但很快遇上了发展"瓶颈",最重要的是法令规章无法配合发展之需要,其次是大众对休闲农业的认识不足,以及理念共识尚未完全建立,使得休闲农业计划难于推动。另一方面,休闲农业本质是结合农业产销与休闲游憩的服务性产业,其发展应以农业经营为主,以农民利益为依据,以自然环境保育为重,并以满足消费者需求为导向的农业经营形态。近年在农村地区有很多观光旅游业,搭乘休闲农业便车,也声称"休闲农场",经营与农业三生(生产、生活及生态)毫无相关之活动业务,也有一些休闲农场为追求利润,经营方向也逐渐偏离休闲农业之内涵。农政单位为了促使休闲农业在台湾顺利发展,将计划策略与政策方向重新调整,较重要的有下列几项:

(1)修正《休闲农业区设备管理办法》,明确"休闲农业区"与"休闲农场"的区别和辅导办法。

(2)研拟《台湾省休闲农场设置管理要点》草案,制定《休闲农业设施设置标准》。

(3)编印休闲农业工作手册,提供辅导人员及经营者参考。

(4)组织专家评估,推荐优等休闲农场。

2 台湾休闲农业园区规划与建设

2.1 台湾休闲农业园区与建设现状

根据台湾休闲农业学会的调查,全台湾共有正式批准的休闲农场 1102 个。其中,台北地区 492 个,占 44.7%;台中地区 315 个,占 28.7%;台南地区 179 个,占 16.2%;台东地区 110 个,占 9.9%。

台湾休闲农场统计表

地区别	县市	农场数	百分比
台北区	宜兰县	128	11.6%
	基隆市	10	0.9%
	台北市	91	8.3%
	台北县	65	5.9%
	桃园县	94	8.5%
	新竹县	34	3.1%
	苗栗县	70	6.4%
小计		492	44.7%
台中区	台中县	74	6.8%
	台中市	24	2.2%
	南投县	100	9.1%
	彰化县	62	5.6%
	云林县	55	5.0%
小计		315	28.7%
台南区	嘉义县	37	3.4%
	台南县	56	5.1%
	高雄市	6	0.5%
	高雄县	38	3.4%
	屏东县	33	3.0%
	澎湖县	9	0.8%
小计		179	16.2%
台东区	花莲县	50	4.5%
	台东县	60	5.4%
小计		110	9.9%
	金门县	6	0.5%
合计		1102	100.00%

资料来源:台湾休闲农业学会

台湾休闲农场以县、市行政单位分布来看，宜兰县128个，居首位，南投县100个，居次之，二县共有228个，合计占五分之一（20.7%）。其次为桃园县、台北市、台中县、苗栗县，以上六市、县共有557个，占台湾休闲农业农场数的一半（50.5%）。以乡镇市区行政单位来看，平均每个乡镇市区有休闲农场3个，其中，宜兰县10.7个，台北市10.1个，桃园县7.8个，南投县7.7个。平均每平方公里面积有3.45个休闲农场，平均10万人口有4.85个休闲农场。

台湾休闲农场的设立，是随着年度不断增加的。特别是1999年以后，休闲农业进入兴盛发展期，新设立的休闲农场共有584个，占53.0%，比往年增加1倍，有4个县近几年新设立的休闲农场更多，如桃园县67个，宜兰县59个，南投县54个，台中县47个。可见台湾休闲农业发展的势头仍然较强。

2.2　台湾休闲农业园区与建设类型

台湾依托农业发展起来的休闲农业的范围相当广泛，诸如农园体验、森林旅游、乡野畜牧、教育农园、农庄民家、乡土民俗、生态保育、渔业风情等休闲活动项目皆属之。历经多年的发展，目前中国台湾休闲农业园区呈现多元化发展的现象，主要有乡村花园、乡村民宿、观光农园、休闲农场和市民农园、教育农园、休闲牧场等几种类型。这些以农业旅游为主导的休闲农业园区取得了明显成效，在旅游、教育、环保、医疗、经济、社会等方面发挥了重要作用，在台湾地区已成为发展前景良好的新兴产业之一。

2.2.1 观光农园

观光农园是指具有农业特产之地区，通过规划建设使其具有观光休闲与教育价值的农业园区。观光农园内提供观光游客所需的各种服务设施，以便利游客体验采收农特产的乐趣并了解农特产生产过程，以增长游客实践，寓教于乐，满足游客休闲娱乐需求的目的。观光农园最初形成于1980年，苗栗大湖、彰化田尾菜地开始经营的观光果园、观光花市。目前，观光农园的类型包括观光果园、观光茶园、观光菜园、观光花园、观光瓜园等。

台湾台中市菊园观光果园

各式各样的观光农园因开放时间不同分布全年不同季节，让人们一年四季都可享受观光、休闲、摘果、赏花的田园之乐。

2.2.2 休闲农场

休闲农场是台湾农业类型中最具代表性者，农场原以生产蔬菜、茶或其他农作物为主，且具有生产杂异化的特性，休闲农场具有多种自然资源，如山溪、远山、水塘、多样化的景物景观、特有动物及昆虫等，因此休闲农业可发展的活动项目较其他类型的休闲农业更具多样性。常见的休闲农场活动项目包括农园体验、童玩活动、自然教室、农庄民宿、乡土民俗活动等。在台湾对于观光农园与休闲农场的区别并不是很明显，观光农园也可以休闲体验，休闲农场也可以观光游览，大多数农园、农场都同时兼具观光游览、休闲体验的功能。

台北阳明山中名阳圃休闲农庄以种植海芋（采摘海芋花8朵100元）为主，狭长的地块，独特的入口，精致的小品景观都成为游客立此存照的见证。

2.2.3 教育农园

教育农园是利用农场环境和产业资源，将其改造成学校的户外教室，具备教学和体验活动之场所、教案和解说员。在教育农园里各类树木、瓜果蔬菜均有标牌，

台北阳明山中名阳圃休闲农庄以种植海芋（采摘海芋花八朵一百元）为主，狭长的地块，独特的入口、精致的小品景观都成为游客立此存照的见证

有昆虫如蝴蝶是怎样变化来的等活生生的教材。游客在此参与农业，了解农产品生产过程，体验农村生活，尤其为城市的青少年了解自然，认识社会，了解农业和农村文化，创造了条件。

2.2.4 市民农园

市民农园是指经营者利用都市地区及其近郊的农地划分成若干小块供市民承租耕种，以自给为目的，同时可让市民享受农耕乐趣，体验田园生活。市民农园的设置，以都市近郊、水源充足、环境优美、交通便利、车程在半小时最为理想。与观光农园相对，市民农园是由城市市民利用平时业余时间经营的，不以营利为目的。从总体发展情况来看台湾市民农园的规划建设远没有其他园区形态发展好。

2.2.5 休闲牧场

休闲牧场是以名、特、优、新的农作物，以较好的设施和高科技含量进行生产并以此吸引游人，向人们展示先进的生产技术和多姿多彩的产品。我们考察的初鹿牧场为台湾土地银行经营的牧场，地处台东县卑南乡明峰村内，场区占地约 54hm^2，为全省坡地集中牧场之最。休闲牧场内宽广辽阔，乳牛及乳制品是主要的经营目标，以奶牛饲养，品尝自产牛奶、奶酪、牛肉，并以其秀美的牧场景观吸引游人。牧场划分为露营区、产品贩卖部、菠萝园、茶园、槟榔园、枇杷园和竹林等区域，是适合露营度假的好去处。

3 台湾休闲农业园区规划与建设特色

我国台湾地区鉴于过去休闲农业各自发展，造成资源分散，无法达成综合效果或乘数效应，导致整体力量很难发挥作用。自 2001 年起改变政策，开始推动一乡一休闲园区计划，后来改称"休闲农渔园区计划"，集中力量发展农渔园区，增加园区内的软、硬件建设，整合园区内农场、农园、民宿或所有景点，使其由点连成线，再扩大成面，最后以策略联盟方式构成带状休闲农业园区，提供游客前来园区旅游消费，增加园区居民的收益以及保证地方的繁荣与发展。休闲农业园区乃为辅导农民顺利转型经营休闲农业及创造农村地区就业机会，开展以策略联盟方式结合的"社区"理念来推动各项工作，从而走在了休闲农业园区规划建设的前列。总结起来，我国台湾地区休闲农业园区创设具有下列特色：

台湾福田园教育休闲农场

第四届海峡两岸观光农业与乡村旅游发展研讨会大陆专家参观考察台湾休闲农业：初鹿牧场休闲平台品尝农牧产品

台湾独具特色的休闲农业园区规划建设：台中草莓文化园区入口景观　　富有创意的园区灯饰设计

台湾独具特色的休闲农业园区规划建设：宜兰县香格里拉休闲农场入口景观　　接待服务建筑与停车场景观

台湾独具特色的休闲农业园区规划建设：
台东原生应用植物园内植物生活伴手馆　　园区中央观景栈道　　先农亭景观

（1）由点到线并扩展到面的发展。

（2）软、硬件兼顾并互相配合。

（3）园区居民的积极参与。

（4）注重产品开发与创意。

（5）加强策略联盟与整合行销。

4 台湾休闲农业园区规划与建设的经验与启示

台湾农业旅游与休闲产业的发展主要以乡村民宿、休闲农业为主体发展起来，其中休闲农业在农业旅游与休闲产业中占的比例最大，全岛目前共有1102家休闲农业园区，2004年产值达11.25亿人民币，提供180098个就业机会，预计到2008年休闲农业产业产值达17.5亿人民币。台湾休闲农业在发展方向与目标，经营与管理，政策与措施等方面积累了较好的经验，取得了明显的效益。对我们大陆刚起步的观光休闲农业来说，具有很好的启示与借鉴意义。

4.1 转变观念，开拓思路，加快农业转型，开发农业功能

台湾在20世纪60年代末和70年代初，农业面临快速发展的工业和商业的竞争，以及国际农产品的冲击，农产品成本高，价格低，农民收益少，台湾农业发展面临衰退、萎缩。针对这一挑战，台湾采取了加快农业转型，调整农业结构，在发展农业生产的同时，进一步开发农业的生活、生态功能，使农业从第一产业向第三产业延伸，于是就开始发展观光农业和休闲农业。我国大陆现在正处于农业转型和调整农业结构的新时期，要学习台湾发展农业的经验，要转变观念，树立新理念，根据各地的资源、区位和市场条件，因地制宜发展观光休闲农业，从而改变农业就是第一产业的旧观念，建立农业与旅游业结合，第一产业和第三产业相结合的新型现代大农业产业体系。

4.2 规划与研究并举，防止盲目发展，避免恶性竞争

台湾农业最高管理部门——台湾"农委会"对发展

休闲农业极为重视，在"农委会"下设立休闲农业管理、辅导处和推广科，各县市也相应设立休闲农业管理、辅导机构，台湾从上到下形成了观光休闲农业的管理和辅导体系。政府主要负责制定政策法规，编制和审批规划，安排资金补助和贷款，支持公共基础设施建设，提供信息咨询，制定评价标准，定期检查和评估，加强与旅游部门联系。我国台湾相关部门机构在做好休闲农业规划，包括休闲农业的产业发展规划和农业园区的建设规划的同时，根据休闲农业产业需求，开展相关课题的研究。2005年台湾休闲农业的研究主题分别为服务人员人格特质、服务态度与服务行为关系研究，经营模式研究，园艺治疗活动对于提升休闲农业竞争力的研究，台中县新社乡休闲农园规划建置研究，旅游商品特色研究，养生农业园区建置模式研究等。

如台湾南投县名间乡来就补休闲农场基地面积2.1154hm²，以台湾休闲农业辅导管理办法规定，置休闲农场土地面积未满3hm²的非山坡地，以作为农业经营体验区为限，所以台湾南投县名间乡来就补休闲农场土地利用规划突出了农经营体验、自然景观生态维护、生态教育为主的开发理念。园区共分为南投农业小世界、香草植物园、百草园、养生有机野菜园、争奇斗艳花圃、生态农塘、精致园艺栽培教育园区、昆虫生态教育园区、青青草原亲子游戏场、停车场、人口意象区等十多个小景区。

4.3 重视制定政策法规，加强科学管理，保证休闲农业走向规范化道路。

为了保证休闲农业规范化发展，台湾"农委会"主持制定了一系列有关休闲农业相关法规，主要有：①《休闲农业辅导管理办法》；②《休闲农业标章核发使用要点》；③《休闲农场设置管理要点》。其他相关法规有土地、观光游憩、营建、水土保持、环境保护、文化保护、农产品卫生、农产品交流、经济赋税等多方面。这些法规中，最重要的是《休闲农业辅导管理办法》（1996年制定，1999年修订）。共分6章25条，包括总则、休闲农业之规划及辅导、休闲农场之申请设置、休闲农场之设施、休闲农场管理及监督、附则等。总则首先明确制定本办

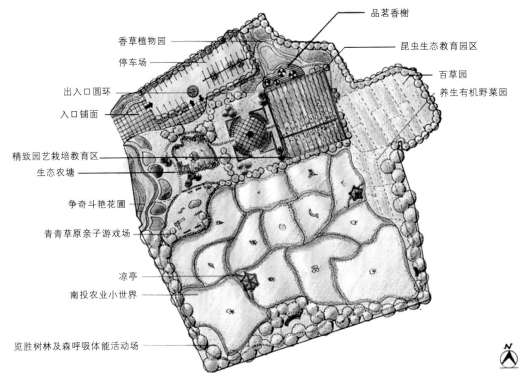

品茗香榭

昆虫生态教育园区

百草园

养生有机野菜园

香草植物园

停车场

出入口圆环

入口铺面

精致园艺栽培教育区

生态农塘

争奇斗艳花圃

青青草原亲子游戏场

凉亭

南投农业小世界

览胜树林及森呼吸体能活动场

来就补休闲农场土地使用分区规划图（段兆麟提供）

来就补休闲农场农业经营体验区体验活动

活动分区	分区面积（hm²）	活动内容	设施项目
1. 南投农业小世界	0.8154	生产、采集、观赏、教育解说	解说牌、喷灌设施、遮荫设施、棚架、小凉亭
2. 香草植物园	0.20	生产、采集、观赏、教育解说、香草浴	解说牌、喷灌设施
3. 白草园	0.15	生产、采集、观赏、教育解说、药草浴	解说牌、喷灌设施、遮荫设施
4. 养生有机野菜园	0.15	生产、采集、观赏、教育解说、料理品尝	解说牌、喷灌设施、遮荫设施
5. 争奇斗艳花圃	0.12	生产、采集、观赏、教育解说、赏蝶	解说牌、喷灌设施
6. 生态农塘	0.08	观赏、教育、喂饲、两栖生态观察	解说牌、垃圾桶、饲料销售机、座椅、护栏
7. 览胜树林及森呼吸体能活动场	0.20	树木解说、散步、森林浴、野餐、赏鸟，体能训练、休憩养生	步道、凉亭、解说设施、休憩座椅、垃圾桶、排水草沟、体能设施、洗手台
8. 精致园艺栽培教青园区	0.24	乡土文物展示、观赏、品尝	棚架、洗手台、洗手间、照明设施、小广场、休憩桌椅
9. 昆虫生态教育园区	0.01	观赏、昆虫生态教学	标示牌、温室
10. 青青草原亲子游戏场	0.02	儿童游戏、体能活动	游戏设施、标示牌、植栽
11. 停车场	0.13	停车、休息	停车路、植栽、标志牌
合计	2.1154		

引自：段兆麟.休闲农业规划的理念与实践[M]// 郑健雄，郭焕成主编.休闲农业与乡村旅游发展.北京：中国矿业大学出版社，2005

法的目的和意义，界定了休闲农业的定义及相关术语的含义。

我们大陆要学习台湾的经验，应针对当前各地都在发展观光农业园、休闲农业园、农家乐、采摘园，度假农庄等多种类型休闲农业的状况，应尽快制定法规，引导休闲农业健康发展。

4.4 加强园区建设的规划和检查评证

虽然台湾的休闲农业园区已达 1102 家，但经过"农委会"筹建的只有 206 家。"农委会"与休闲农业学会合作推动了园区和农业旅游景点的检查评证，并颁发认证标志。台湾休闲农业园区检查评证分别以核心特色、园区规划、创意运用、解说与行销、组织与人力管理、环境与景观管理、社区参与、观光资源等八项进行评证。台湾"农委会"为鼓励休闲农场提升服务品质，提供人们正确选择优质的休闲农场，特委托台湾休闲农业学会按照"2005 年度台湾休闲农业服务品质提升计划——休闲农场评鉴、认证与辅导计划"，进行优良休闲农场之评选及甄选工作，并编印优良休闲农场服务宣传手册。评选的对象为经农委会核准设置登记或准予筹设且实际经营之休闲农场。评选内容包括：①农场资源；②农场设施及活动配置图；③整体经营方向；④服务及体验活动；⑤餐饮服务；⑥住宿服务。评选项目标准共分 3 个方面，16 个项目，标准，打分评选。评选分数 70 分以上，未满 80 分者为"良等"；80 分以上，未满 90 分者为"优等"；90 分以上者为"最优等"。

在我国大陆农业旅游景点和农业园区空间布局主要为"城市郊区型""景区边缘型"，但近两年来在一些大型城市（尤其是北京）其空间布局呈现出"遍地开花型"，其主要弊端表现在：自发建设多；挂个牌子就采摘；各自为政，缺乏系统管理；发展特点不突出，缺乏宏观系统的规划等。在加强园区建设的规划和检查评证工作中我们可充分借鉴台湾发展休闲农业中的经验，使我国大陆农业旅游景点和农业园区建设步入正轨。

4.5 大力推行社区经营的理念

台湾休闲农业园区和乡村游憩地的发展跳出了以往规模经济思维，朝向精致农业政策的延伸转型。休闲农业园区的"园区"概念，被赋予了具有地方意义的 community（社区）的理念，而不再只是一个强调专业生产的属于工业特质的 park（厂区）概念。整合农场、农园、民宿或所有景点，使其由点连成线，再扩大成面，最后以策略联盟方式构成带状休闲农业园区，并适时开展以策略联盟方式结合的"社区"理念来推动各项工作，这是台湾发展农业旅游和休闲产业的成功经验，也是走在世界休闲农业开发建设前列的重要原因。如在 10 年前废弃的台湾金瓜石冶金矿区为了发展乡村民宿和休闲旅游，聘请规划设计单位作了详细的《金瓜石社区产业辅导计划》，并在以后的运作实施中，定期出版《金瓜石社区报》，开办矿山讲堂等，全力打造浪漫度假社区。这与我国大陆目前很多农业旅游景点开发建设过多注重硬件设施建设，片面追求产值形成鲜明对比，用经营文化、经营社区的理念来开发建设农业旅游景点理应成为我们工作的重要部分。

5 结语

在我国大陆，城市化发展快，城市人口增多，交通拥挤，环境污染，城市人很希望到郊区农村观光旅游，这为发展城郊观光休闲农业提供了市场需求。我们应抓住城市这个目标市场，积极发展现代都市型的农业旅游和休闲产业。因为开展农业旅游可以减少农产品中间流通环节，有高附加产值，并可带动农产品销售、餐饮住宿、休闲购物、观光度假及其他旅游活动（如垂钓、农家乐）的发展而产生乘数效应。由此可见，开发新农村游、农家游，开展农业的生态保护，农业的休闲旅游，对于城乡统筹发展、新城镇化建设来说，具有重要意义，可大大提高农民的收入，促进农业和农村经济的发展。

中科地景规划设计机构著作系列

　　为促进新型城镇化建设进程中村镇社区、绿色基础设施、产业集聚等方面的研究和可持续发展，中科地景（北京）城乡规划设计院与相关科研院所、规划设计单位等合作，相继出版最新理论研究成果与经典规划案例，推动理论研究与实践相结合，加强行业内外的互动交流。

吴忆明，吕明伟编著 . 观光采摘园景观规划设计 [M]. 北京：中国建筑工业出版社，2004.

吴忆明，陈晓春，吕明伟编著 . 立交桥园林绿化 [M]. 哈尔滨：东北林业大学出版社，2006.

郭焕成，吕明伟，任国柱编著 . 休闲农业园区规划设计 [M]. 北京：中国建筑工业出版社，2007.

郭焕成，吕明伟等编著 . 休闲农业与乡村旅游发展工作手册 [M]. 北京：中国建筑工业出版社，2007.

郭焕成，任国柱，吕明伟编著 . 中国乡村之旅（中文版、英文版、德文版）[M]. 北京：五洲国际出版社，2007.

吕明伟著 . 符号中国——中国园林 [M]. 北京：当代中国出版社，2008.

郑健雄编著 . 休闲旅游产业概论 [M]. 北京：中国建筑工业出版社，2009.

叶美秀编著 . 休闲活动设计与规划：农业资源的应用 [M]. 北京：中国建筑工业出版社，2009.

吕明伟，孙雪，张媛编著 . 休闲农业规划设计与开发 [M]. 北京：中国建筑工业出版社，2010.

郭焕成，郑健雄，吕明伟主编，乡村旅游理论研究与案例实践 [M]. 北京：中国建筑工业出版社，2010.

郭焕成，郑键雄，任国柱主编，休闲农业理论研究与案例实践 [M]. 北京：中国建筑工业出版社，2010.

毛子强，贺广民，黄生贵主编，道路绿化景观设计 [M]. 北京：中国建筑工业出版社，2010.

吕明伟 . 中国园林 [M]. 合肥：黄山书社，2011.

刘绍杰等编著 . 生态旅游发展工作手册 [M]. 北京：中国建筑工业出版社，2011.

郭焕成，吕明伟等编著 . 休闲农业与乡村旅游发展工作手册 [M]. 第 2 版 . 北京：中国建筑工业出版社，2011.

吕明伟编著 . 中国古代造园家 [M]. 北京：中国建筑工业出版社，2014.

吕明伟编著 . 外国古代造园家 [M]. 北京：中国建筑工业出版社，2014.

吕明伟，黄生贵编著，新城镇田园主义：重构城乡中国 [M]. 北京：中国建筑工业出版社，2014.